Le livre de cuisine française de Margaret Brown

Marguerite Brun

Writat

Cette édition parue en 2024

ISBN : 9789359948829

Publié par
Writat
email : info@writat.com

PRÉFACE.

Ce livre contient des recettes variées, des meilleurs plats français à la cuisine la plus ordinaire. Ils sont fiables, car j'ai utilisé presque chacun d'entre eux à des moments différents. Mon expérience dans ce domaine m'a incité à publier ce livre, dont chaque partie a été dictée par moi et soigneusement écrite par mon amie Louise A. Smith.

MARGARET BRUN.

QUANTITÉ POUR UNE RÉCEPTION OU SOIRÉE
DE 225 PERSONNES .

14 douzaines de croquettes ; 1 dinde désossée ; 8 litres de Terrapin.

(Six dindes, 2½ poulets, 6 douzaines de branches de céleri, 6 têtes de laitue, 3 bouteilles d'une demi-pinte d'huile d'olive sont nécessaires pour la salade de poulet; 2½ douzaines d'œufs pour la vinaigrette et la garniture. Le persil peut également être utilisé pour garnir les plats. .)

[Cette quantité peut être augmentée ou diminuée proportionnellement au nombre ci-dessus.]

POUR UN DÉJEUNER DE PRINTEMPS.

Palourdes Little Neck ou crabes farcis; galettes; poulets de printemps; pigeonneaux; pâté de foie gras, ou glace d'oiseau ; glaces et fruits.

DÎNER POUR 12 PERSONNES.

Huîtres (Blue Point), 5 ou 6 dans une assiette ; Soupe en julienne ou purée de poulet ou d'asperges, suivie d'un plat de poisson ; galettes, poulet ou champignons. Pour le filet de bœuf , prenez 5 ou 6 livres de filet. Au printemps, garnissez ce plat de champignons, ou d'asperges et de pommes de terre françaises ; timbales de macaronis; des ris de veau, lardés et rôtis, servis avec des petits pois ; suprême de poulet ; salade et morceaux écrasés; soufflé au fromage; glaces, fruits, café.

UN PETIT DÉJEUNER DE PRINTEMPS.

Oranges à la peau festonnée ; escalopes de poisson grillées et croquettes de pommes de terre ; côtelettes d'agneau et pois (côtelettes françaises); vol-au-vents de ris de veau ; pigeonneaux grillés; gaufres et café ; fromage, pailles, glaces.

DE MARGARET BROWN

.

N° 1.

SOUPE DE QUEUE DE BŒUF.

Faire tremper 3 queues dans de l'eau tiède. Mettez dans une casserole d'un gallon 8 clous de girofle, 2 oignons, 1 cuillère à café de piment de la Jamaïque et de poivre noir, et recouvrez les queues d'eau froide. Écumez souvent et soigneusement. Laisser mijoter doucement jusqu'à ce que la viande soit tendre et se détache facilement des os. Cela prendra 2 heures. Une fois terminé, retirez la viande et coupez-la des os. Écumez le bouillon et passez-le au tamis. Pour l'épaissir, mettez de la farine et du beurre, ou 2 cuillères à soupe de la graisse que vous avez retirée du bouillon dans une casserole propre, avec autant de farine qu'il faut pour faire une pâte. Remuez bien sur le feu; puis versez le bouillon lentement en remuant. Laissez mijoter une demi-heure ; écumer et passer au tamis. Mettez la viande avec une cuillère à soupe de sauce aux champignons, un verre de vin ; Assaisonnez avec du sel.

N° 2.

MOCK TORTUE.

Prenez une tête de veau avec la peau, retirez la cervelle, lavez la tête plusieurs fois à l'eau froide, laissez-la tremper une heure dans l'eau de source, puis mettez-la dans une casserole et couvrez-la d'eau froide et versez un demi-gallon dessus. Enlevez l'écume qui monte en se réchauffant. Laissez bouillir pendant une heure, reprenez-le et, lorsqu'il est presque froid, coupez la tête en morceaux d'un pouce et demi et la langue en bouchées, ou faites un accompagnement de langue et de cervelle. Lorsque la tête est retirée, mettez-y le bouillon de viande, environ 3 livres de jarret de veau, et autant de bœuf, ajoutez tous les parures et les os de la tête, écumez bien, couvrez bien, laissez bouillir 5 heures (gardez 2 heures). litres de ceci pour la sauce), égouttez-le et laissez reposer jusqu'au matin ; puis enlevez la graisse ; mettez sur le feu une grande casserole avec une demi-livre de beurre frais, 12 onces d'oignons émincés, 4 onces de sauge verte ; hachez-le un peu; laissez-les frire 1 heure, puis incorporez une livre de farine, puis ajoutez le bouillon petit à petit jusqu'à ce qu'il soit aussi épais que de la crème. Assaisonnez avec ¼ once de piment de la Jamaïque moulu, ½ once de poivre noir moulu fin, salez à votre goût le zeste d'un citron pelé finement. Laissez mijoter doucement pendant 1h30, passez au tamis à cheveux. Si cela ne passe pas, appuyez facilement une cuillère en bois contre les côtés du tamis. Mettez-le dans une casserole propre avec la tête, et assaisonnez-le en mettant à chaque gallon de soupe ½ pinte de vin, 2 cuillères à soupe de jus de citron. Laissez mijoter jusqu'à ce que la viande soit tendre (de ½ heure à 1 heure). Attention, ce n'est pas exagéré. Remuez souvent pour éviter que la viande ne colle à la poêle. Lorsque la viande est bien tendre, la soupe est prête. Une tête de 20 livres et 10 livres de bouillon de viande feront 10 litres de soupe, en plus des 2 litres de bouillon de viande réservés aux plats d'accompagnement. S'il y a plus de viande sur la tête que vous ne souhaitez en utiliser, faites-en une tarte au ragoût.

N° 3.

MOCK MOCK TORTUE.

Tapisser le fond d'une casserole de 5 pintes avec 1 once de bacon ou de jambon maigre, 1½ livre de bœuf maigre en sauce, un talon de vache, la croûte intérieure d'une carotte, un brin de thym citronné, de la sarriette, 3 brins de persil, quelques feuilles vertes de basilic doux, 2 oignons, un gros oignon avec 4 clous de girofle plantés dedans, 18 grains de piment de la Jamaïque, 18 grains de poivre. Versez dessus 1 litre d'eau froide , couvrez la cocotte et mettez-la sur feu doux pour faire bouillir doucement ¼ d'heure. Surveillez-le attentivement, s'il le faut, sans le couvercle, jusqu'à ce qu'il prenne une bonne couleur brune ; Remplissez ensuite la cocotte d'eau bouillante et laissez mijoter pendant 2 heures. Si vous le souhaitez, vous pouvez couper une partie de la viande en bouchées et la mettre dans la soupe. Pour l'épaissir prenez 2 cuillères à soupe de farine, une louche de sauce, mélangez-les et versez-la dans la cocotte où se trouve la sauce, laissez mijoter encore ½ heure. Écumez-le et passez-le au tamis fin. Coupez le talon de la vache en morceaux de 1 pouce carré. Pressez le jus d'un citron, 1 cuillère à soupe de ketchup aux champignons, 1 cuillère à café de sel, ½ cuillère à café de poivre noir, une pincée de muscade râpée, un verre de vin de Madère ou de Xérès, au tamis dans la casserole de soupe ; laisser mijoter encore 5 minutes.

N° 4.

SOUPE DE TORTUES DU SUD.

Lavez la tête d'un veau, mettez-y 2 gallons d'eau, mettez-la à ébullition ; mettez-y un jarret de jambon (fumé), pesant environ 2 livres, également du thym, 3 oignons, 1 bouquet de branches de céleri, 1 cuillère à soupe de chacun des clous de girofle de piment de la Jamaïque, non moulus ; laissez-le bouillir lentement jusqu'à 1½ gallons. Lorsque la tête est cuite, retirez-la en prenant soin de retirer la cervelle et la langue, puis coupez la viande en petits morceaux. Filtrer la soupe; faire revenir ½ livre de farine et en faire une pâte pour épaissir la soupe ; râpez-y ½ noix de muscade, mettez du poivre et du sel au goût ; prenez une portion de cervelle et faites-en des petits gâteaux, comme vous feriez des beignets, faites-les frire dans du saindoux ; prenez ½ livre d'escalopes de veau et une petite partie de jambon, hachez-les avec un peu de persil et d'oignon, assaisonnez de poivre et de sel ; confectionner des petites boulettes de farce en les faisant frire dans du saindoux, après les avoir roulées dans des œufs, puis dans de la chapelure ; mettez la boule de farce dans la soupe juste avant de servir, avec ½ pinte de vin.

N° 5.

SOUPE DE CÉLERI.

Après avoir divisé 6 têtes de céleri en morceaux d'environ 2 pouces de long, lavez-les bien, posez-les sur un tamis à cheveux pour les égoutter et mettez-les dans 3 litres de sauce claire dans une marmite d'un gallon ; laissez-le mijoter juste assez pour que le céleri soit tendre, disons environ 1 heure ; enlevez l'écume si elle monte, assaisonnez avec un peu de sel. Si vous souhaitez faire cette soupe à une saison où vous ne pouvez pas obtenir de céleri, utilisez les graines de céleri, disons environ ½ pinte, mettez-les dans la soupe ¼ d'heure avant la cuisson, avec un peu de sucre.

N ° 6.

SOUPE DE PEASE ET PORC MARINÉ.

Prenez 2 livres de flanc de porc mariné. Il faut veiller à ce que le porc ne soit pas trop salé, sinon le mettre dans l'eau la veille. Mettez 1 litre pois (cassés), 2 têtes de céleri coupées, 2 oignons épluchés, 1 brin de marjolaine douce dans 3 litres d'eau ; faites bouillir doucement pendant 2 heures, puis ajoutez le porc. Laissez bouillir jusqu'à ce qu'il soit suffisamment cuit pour être mangé. Une fois terminé, lavez-le à l'eau chaude et placez-le sur un plat, ou bien coupez-le en bouchées et mettez-le dans une soupière avec la soupe.

N ° 7.

SOUPE PEASE nature.

Un litre de pois cassés, 2 têtes de céleri ; laissez-les mijoter doucement dans un bouillon ou de l'eau douce (3 litres) à feu doux, en remuant de temps en temps pour empêcher les pois de brûler. Ajoutez plus d'eau si elle bout ou si la soupe devient trop épaisse. Après 3 heures d'ébullition, passez-les au tamis grossier puis au tamis fin. Lavez votre faitout et remettez-y la soupe, laissez-la bouillir une fois. Enlevez l'écume le cas échéant. Faites frire de petits morceaux de pain carrés dans du saindoux chaud jusqu'à ce qu'ils deviennent d'un brun délicat ; sortez-les et laissez-les égoutter sur une feuille de papier. Envoyez-les avec la soupe dans un plat d'accompagnement et de la menthe sèche en poudre ou de la marjolaine douce dans un autre.

N° 8.

SOUPE DE HOMARD.

Prenez 3 homards poules fins et vifs, faites-les bouillir ; à froid, fendez les queues; sortez le poisson, cassez les pinces et coupez la viande par bouchées ; sortir le corail et la partie molle du corps, écraser une partie du corail dans un mortier ; retirez le poisson de la coquille, battez-en une partie avec le corail ; à partir de cela, préparez des boulettes de viande hachée, aromatisées au macis, à la muscade, au zeste de citron râpé, au poivre de Cayenne et à l'anchois. Pilez-les avec le jaune d'un œuf. Préparez 3 litres de bouillon de veau, écrasez les petites cuisses et la coquille, mettez-les à bouillir pendant 20 minutes, puis égouttez. Pour épaissir la soupe , prenez le blanc vivant, écrasez-le dans le mortier, avec un peu de beurre et de farine, passez-le au tamis et ajoutez-le à la soupe avec la chair des homards et le reste du corail ; laissez mijoter doucement pendant 10 minutes.

N° 9.

SOUPE AUX ASPERGES.

Prenez toute la portion tendre de trois bottes d'asperges de bonne taille. Cela fera 2 litres de soupe. Mettez sur le feu une grande casserole à moitié pleine d'eau ; quand elle bout, mettez-y la moitié des asperges avec un peu de sel ; laissez-le bouillir jusqu'à ce qu'il soit cuit, puis égouttez-le. Mettez dans une cocotte propre, avec 3 litres de bouillon de veau ou de mouton nature, couvrez bien et laissez mijoter une heure à feu doux. Passer au tamis, puis couper l'autre moitié des asperges en morceaux d'un pouce de long et les envoyer dans la soupe.

N° 10.

SOUPE DE TOMATE OU SOUPE DE Jarret.

Un litre de tomates, mettez le feu et laissez bouillir ; une fois terminé, écrasez au tamis 3 cuillères à soupe de sucre, 1 cuillère à café de muscade et le macis ensemble, et mettez les tomates, 1 cuillère à soupe de beurre mélangée avec une grande cuillère à soupe de farine, incorporez le tout aux tomates et remettez à ébullition ; remuer jusqu'à ébullition. Un quart d'heure avant de servir, versez 1 litre de lait. Poivrer et saler au goût. Remuer jusqu'à ce que ça bouillonne bien. Versez 2 cuillères à soupe de vin juste avant de servir.

N° 11.

HUÎTRES FRITES.

À cette fin , chaque huître doit être aussi grosse, dodue et grasse – fraîche, bien sûr, et non salée – que vous pouvez vous en procurer. Les petites serviront pour les sauces, les croquettes, les soupes, etc. Égouttez leur jus, mettez-les dans un bol, recouvrez-les d'eau glacée, laissez reposer quelques minutes, puis placez-les dans une passoire et égouttez-les. Sécher entre deux serviettes fines et douces, sans les presser, et déposer sur une planche à moulurer légèrement enduite de poussière de cracker finement tamisée. Battez jusqu'à obtenir une crème anglaise riche et épaisse autant d'œufs et une mesure égale de crème qu'il faut pour humidifier toutes les huîtres, en ajoutant, au dernier , une cuillerée de sel pour trois œufs. Préparez une quantité suffisante de chapelure finement tamisée, préparée en frottant le cœur d'une miche de pain blanc rassis dans une serviette et en la passant au tamis. Trempez les huîtres, une à une, dans l'œuf battu et roulez-les dans la chapelure jusqu'à ce qu'elles soient recouvertes de toutes parts. Ne les aplatissez en aucun cas, mais gardez-les aussi ronds et rebondis que possible ; déposez-les sur des serviettes et conservez-les au frais pendant une demi-heure; tremper à nouveau, rouler dans la chapelure et laisser reposer encore une demi-heure. Maintenant, posez-les sur le support en fil métallique, sans se toucher. Placez le support dans une poêle à frire presque pleine du mélange de friture que vous utilisez, qui doit être bouillant, et faites-les frire rapidement jusqu'à obtenir une couleur jaune foncé, mais ne les faites pas dorer, sinon ils seront durs et gras. Retirez le support de la poêle, égouttez-le rapidement et servez les huîtres sur une serviette blanche et chaude, posée sur une assiette chaude, et décorez de brins de persil ou de cresson, d'olives farcies et de petits morceaux de citron. Le condiment le plus délicat de tous est la sauce mayonnaise française servie avec de la laitue.

N° 12.

HUÎTRES FRICASSÉES.

Cinquante huîtres, 6 onces de beurre, 3 cuillères à soupe de farine, 3 cuillères à soupe de sel, 2 cuillères à soupe de poivre blanc, 2 cuillères à soupe de sel de macis, 6 feuilles de laurier, 1 litre de crème, 4 jaunes d'œufs, 1 tasse à thé de chapelure. Mettez les huîtres avec leur jus dans une cocotte sur feu vif ; faites bouillir, égouttez-les, mettez-les dans une soupière chaude et placez-les dans un endroit chaud. Frottez le beurre, la farine et 3 cuillères à café de crème bouillante pour obtenir une pâte fine et lisse, mélangez-la rapidement au litre de crème dans une casserole brillante à feu rapide. Ajoutez le sel et les épices et remuez jusqu'à ce que cela n'épaississe plus. Mettez maintenant les jaunes d'œufs bien battus ; remuer jusqu'à consistance lisse, passer le tout au tamis fin sur les huîtres. Couvrir uniformément avec la chapelure et faire dorer légèrement au four rapide.

N° 13.

HUÎTRES FESTONNÉES.

Huîtres d'un demi-gallon pour un plat de pudding de trois pintes ; égouttez bien les huîtres, 1 litre de chapelure, et mettez du poivre, du sel et un peu de moutarde, de muscade ou de macis dans la chapelure. Couvrir le fond du plat avec la chapelure. Mettez une couche d'huîtres avec un petit morceau de beurre, puis une couche de chapelure. Continuez ainsi jusqu'à ce que le plat soit plein, puis déposez dessus 2 ou 3 cuillères à soupe de crème. Mettre à four assez rapide ; laissez cuire 20 minutes.

N° 14.

HUÎTRES MARINÉES.

Égouttez les huîtres. Pour ½ gallon d'huîtres marinées, ½ pinte de vinaigre de cidre. Faites chauffer le vinaigre à ébullition. Mettez suffisamment d'épices pour aromatiser, les clous de girofle, le piment de la Jamaïque et le macis. Mettez les huîtres dans la liqueur chaude jusqu'à ce qu'elles soient chaudes ; mettez-y un peu de sel; retirez-les de la liqueur chaude et mettez-les directement dans le vinaigre chaud, mettez-les dans un plat couvert et laissez-les refroidir.

N° 15.

FRICASSÉE D'HUÎTRES.

Mettre sur le feu 75 huîtres avec leur liqueur et une quantité égale de bouillon de volaille, 1 verre de vin blanc, 2 lames de macis ; quand ils bout, retirez-les du feu, puis du brais bouillant, qui retourne au feu ; dans une cocotte propre mettez un morceau de beurre de la taille d'un œuf, 1½ cuillère à café de farine, remuez 5 minutes puis ajoutez les jaunes de 5 œufs, 1 cuillère à soupe de poivre blanc et de sel, 1 cuillère à soupe de persil haché ; ne le laissez pas bouillir ; faites-y chauffer les huîtres; utiliser comme indiqué.

N° 16.

POULET À L'ITALIENNE.

Beurre commun, restes de poulet, 12 tomates, 1 tasse de bouillon, 2 cuillères à soupe d'oignons hachés, une cuillère à soupe de persil, 1 cuillère à soupe de sel, 1 cuillère à soupe de sel, 1 cuillère à soupe de poivre blanc, 1 cuillère à soupe de thym royal et 1 cuillère à soupe de sarriette d'été, 1 cuillère à soupe de beurre. Coupez les restes de poulet en petits morceaux, plongez-les dans le beurre et faites-les frire croustillants dans beaucoup de saindoux chauffé à cet effet ; servir avec de la sauce tomate.

N° 17.

CROQUETTES DE POISSON.

Une pierre de trois livres. Faites-le bouillir jusqu'à ce qu'il soit cuit ; écorchez-le et enlevez les os. Hachez finement le poisson avec 1 branche de céleri et 2 brins de persil, 1 litre de lait, 2 cuillères à soupe de farine, ¼ de livre de beurre. Mélanger le beurre et la farine; faites bouillir le lait et versez-le dans la farine et le beurre pour obtenir une sauce riche. Faire bouillir ½ litre d'huîtres ébouillantées, retirer les cœurs, les couper en petits morceaux et les mettre dans la sauce. Mettez le poisson dans la sauce et continuez à remuer jusqu'à ce qu'il commence à bouillir. Une fois terminé, versez sur une assiette et laissez refroidir. Réalisez des croquettes en forme de poires ou de pommes, roulez-les dans les œufs battus puis dans la chapelure. Faire bouillir dans une marmite à croquettes de saindoux.

Servez-les avec des pommes de terre françaises ou des pommes de terre Saratoga frites.

N° 18.

CROQUETTES DE POMMES DE TERRE.

Épluchez et faites bouillir 5 pommes de terre de bonne taille jusqu'à ce qu'elles soient farineuses. Frottez-les bien avec un presse-purée ; ½ cuillère à soupe de beurre, 2 œufs, du poivre et du sel bien écrasés dans les pommes de terre. Une fois refroidis, transformez-les en clochers. Roulez-les dans l'œuf battu, puis dans la chapelure ; faites-les bouillir dans du saindoux chaud. Disposez-les autour du plat.

N° 19.

CROQUETTES DE HOMARD.

Deux homards bouillis, cueillis et hachés finement ; ¼ de miche de pain finement râpé, un peu de muscade, du macis au goût, ¼ de livre de beurre ; mélanger le tout avec le homard et 1 œuf ; réalisez des croquettes de homard dans des poires ou des clochers, mettez-les dans des œufs battus, puis dans de la chapelure. Faire bouillir dans du saindoux chaud, garnir de pinces et de persil.

N° 20.

SAUCE AU VIN POUR CHEVAIL OU LIÈVRE.

Un quart de pinte de vin de bordeaux ou de porto et la même quantité de sauce de mouton nature ; 1 cuillère à soupe de gelée de groseilles. Laisser bouillir une fois et servir en saucière.

N° 21.

OS À MOELLE.

J'ai scié les os pour qu'ils tiennent fermement ; mettez un morceau de pâte aux extrémités, placez-les debout dans une casserole et faites bouillir jusqu'à cuisson complète. Un os à moelle de bœuf prendra entre 1 heure et 1h30. Servez avec eux du pain frais grillé.

N° 22.

POULET AU CURRY.

Deux jeunes poulets découpés en morceaux ; mettre dans une cocotte un petit morceau de beurre, un petit morceau d'oignon et de persil, 1 litre d'eau. Laissez mijoter lentement. Lorsque vous avez terminé, prenez 1 tasse de crème, retirez la graisse du dessus de la casserole, versez la crème ; prenez la graisse, mélangez-la avec 2 grosses cuillères à soupe de farine ; quand le poulet recommence à bouillir, ajoutez la farine humidifiée avec la graisse; mettez une cuillère à café de curry et un peu de sel. Faites bouillir du riz nature dans une cocotte, au moment de servir, mettez le poulet au curry au centre du plat, et le riz bouilli tout autour du plat, et décorez de cresson et de persil.

N° 23.

TIMBALE DE VEAU FROID ET JAMBON.

Pâte de timbale, 1 livre de jambon salé, 2 livres de cuisse de veau, 6 œufs durs , 1 cuillère à café de céleri royal, sel et marjolaine, 3 brins de persil, poivre blanc et sel au goût. Tapisser le moule à timbale avec la pâte, en le plaçant d'abord sur un plat allant au four graissé; coupez le jambon et le veau en coquilles Saint-Jacques, et les œufs en tranches ; avec eux, faites des couches alternées avec les assaisonnements ; quand tous sont utilisés, remplir d'eau, mouiller les bords exposés et cuire à four modéré pendant 2 heures ; une fois froid, ouvrir le moule et servir selon vos envies.

N° 24.

RISSOLES DE POULETS.

MÉLANGE CHROMSKY.

Etalez la pâte très finement, découpez-la avec un grand emporte-pièce, mouillez les bords, mettez une cuillère à café du mélange dessus, repliez la pâte dessus en appuyant sur les deux bords ; faire revenir dans beaucoup de saindoux chaud à cet effet, jusqu'à ce que la pâte soit cuite. Servir sur une serviette.

N° 25.

TERRAPIN.

Prenez 2 dos de diamant, mettez-les dans de l'eau chaude bouillante ou de la lessive. Laissez-les se terminer entièrement ; sortez-les et laissez-les refroidir un peu ; puis ouvrez-les et enlevez la peau foncée des pieds ; retirez la viande de la coquille, des entrailles et du foie, en ayant soin de ne pas briser le fiel, car cela rendrait le plat impropre à la consommation ; n'utilisez pas la tête; prenez ¼ livre de beurre, un petit morceau d'oignon, une cuillère à café de thym. Mettez-les dans la casserole et laissez-les dorer un peu, en y mettant également une cuillère à soupe de farine, ½ litre de crème et ½ litre de lait. Laissez tout cela bouillir jusqu'à obtenir une sauce riche, puis retirez-le du feu ; râper un peu de muscade, une pincée de piment de la Jamaïque moulu et des clous de girofle, du poivre de Cayenne au goût. Prenez une branche de céleri et hachez-la très finement ; mettez-le avec la viande; mettez cela dans la cocotte de sauce ¼ d'heure avant le dîner sur le feu ; laissez bouillir pendant 5 ou 10 minutes. Juste avant de servir, mettez dans un verre à vin du sherry et du brandy. Les sliders peuvent être cuits de la même manière.

N° 26.

Dinde rôtie et désossée.

Celui-ci doit être désossé, comme indiqué dans Boned Turkey, avec cette exception : les os doivent être laissés dans tous les membres inférieurs et dans les pignons, de sorte que lorsqu'ils sont mis en forme, ces os aident à le former. Prenez une miche de pain rassis, coupez toute la croûte ; ½ livre de beurre, 1 boîte de champignons hachés, poivre et sel, 1 cuillère à café de muscade. Hachez tout cela bien ; farcir chaque jointure là où l'os a été retiré pour qu'il paraisse dodu ; ficeler; mettre dans un plat allant au four; tamiser la farine, le poivre et le sel dessus ; mettez un peu d'eau dans la casserole pour éviter qu'elle ne brûle ; cuire 1h30 à four lent; arrosez-le avec ½ pinte de vin de Madère au four; sortez la dinde de la poêle et préparez la sauce avec l'essence. Réalisez des croquettes de pommes de terre et disposez-les tout autour du plat.

N° 27.

DINDE DÉSOSSÉE.

Fendre la dinde dans le dos, débarrasser le dos de la viande, puis retirer toute la viande des ailes sans casser la peau, puis du côté de la poitrine, enfin des cuisses et des cuisses. Nous avons maintenant retiré toute la viande en un seul morceau, ne laissant que la carcasse des os. Prenez maintenant 2 livres d'escalope de veau, ou de poulet de grande taille, ou de chair à saucisse, ¼ livre de jambon, une demi-boîte de truffes pelées et coupées en deux, une boîte de champignons coupée en deux, 1 grosse branche de céleri, 1 cuillère à café. du thym, un demi petit oignon, un bouquet de persil ; hacher finement, sauf les truffes et les champignons ; assaisonner avec du poivre et du sel au goût. Prenez toute la vinaigrette et mettez-la dans la viande (qui est toute d'un seul morceau) retirée de la dinde ; coudre le dos; puis cousez-le dans un sac et faites-le bouillir doucement. Une dinde de petite taille prendra 2h30 ; un grand format, 3 heures. Placez la carcasse dans ½ gallon d'eau et laissez bouillir jusqu'à ce que l'eau soit réduite à 3 pintes ; mettez-y du poivre, du sel et un petit morceau d'oignon ; puis décollez et filtrez. Faites fondre 1 boîte de gélatine dans une tasse d'eau. Une fois fondu, mettez-y la soupe fraîche, avec les blancs de 2 œufs battus et 2 coquilles d'œufs. Mettez-le sur le feu et remuez jusqu'à ébullition. Laisser bouillir 10 minutes, puis filtrer dans un sac en flanelle. Prenez un petit moule de gelée, garnissez-le d'œufs, de persil, de betteraves et de carottes, en mettant la gelée alternativement entre chaque jusqu'à ce que le moule soit rempli. Lorsque la dinde est cuite, mettez-la dans une casserole fermée et pressez-la. Après avoir parfaitement refroidi, gélifiez avec de la gelée fraîche, laissez refroidir juste assez pour étaler jusqu'à ce que la dinde soit entièrement recouverte. Disposez les moules à garniture sur le magret de dinde. Garnir le plat de cresson, de betteraves et de carottes.

N° 28.

Beignets à la crème anglaise.

Une demi-pinte de lait, 5 œufs, ½ tasse de sucre, 1 branchie de crème, du beurre commun. Battre ensemble le lait, la crème, le sucre et les œufs. filtrer, mettre dans un petit bol, mettre dans une casserole avec de l'eau bouillante jusqu'à mi-hauteur des parois du bol; cuire à la vapeur très doucement jusqu'à ce qu'il soit pris - environ 20 minutes - placer sur la glace jusqu'à ce qu'il soit froid ; couper en morceaux de 1½ pouces de long sur 1 carré; tremper dans une pâte ordinaire et faire frire dans beaucoup de saindoux chaud, d'une couleur fauve foncée. Servir saupoudré de sucre.

N° 29.

SAUCE AUX PÊCHES.

Mettez le jus de pêche de la boîte dans une petite casserole, ajoutez un volume égal d'eau, un peu plus de sucre et 8 ou 10 raisins secs, faites bouillir le tout 10 minutes , filtrez et juste avant de servir ajoutez 8 gouttes d'extrait d'amandes amères.

N° 30.

BEIGNETS DE HOMARD.

Pâte commune, 1 homard, ½ tasse de champignons, jaunes de 4 œufs, 1 tasse de crème, 1 cuillère à soupe de beurre, céleri, sel, thym, poivre blanc, cuillère à soupe de persil et 1 cuillère à soupe de farine. Mettez le homard dans 2 litres d'eau bouillante avec ½ tasse de sel; faire bouillir 25 minutes; une fois froid, retirez la viande et la graisse; couper en petites tranches bien nettes; mettez la farine et le beurre sur le feu dans une petite casserole, remuez avec une cuillère en bois jusqu'à ce que ça bouillonne, puis ajoutez la crème bouillante, et l'assaisonnement ; laissez bouillir deux minutes, ajoutez les jaunes et le homard et mélangez ; remettez-le à mijoter 4 minutes; versez-le sur un plat bien graissé et réservez-le pour qu'il se raffermisse en refroidissant ; puis coupez-le en morceaux nets, trempez-le dans la pâte et faites-le revenir jaune dans beaucoup de saindoux chaud à cet effet ; ayez quelques belles branches de persil, bien sèches, et faites-les revenir dans le saindoux pendant que vous comptez 15 secondes. Servir sur les beignets.

N° 31.

BEIGNETS DE CLOCHE.

Tamisez 1 litre de farine, versez de l'eau bouillante dessus jusqu'à ce qu'elle cuise suffisamment pour avoir la consistance d'une pâte ferme. Laissez-le refroidir parfaitement. Prenez 5 œufs, 1 cuillère à soupe de beurre, mettez-y et battez le tout jusqu'à ce qu'il soit aussi léger que des muffins. Râper un peu de muscade. Faites-les bouillir dans du saindoux chaud. Préparez une sauce au vin pour les accompagner.

N° 32.

GAUFRES.

Avec la levure, faites une pâte épaisse toute la nuit. Le matin, ajoutez 1 litre de farine, 3 œufs, 1 cuillère à soupe de beurre et un peu de muscade et de sel ; laissez-le lever à nouveau et faites-le frire juste avant le petit-déjeuner.

N° 33.

OMELETTE.

Cinq jaunes d'œufs légèrement battus et un peu de céleri finement haché. Montez les blancs en neige jusqu'à obtenir une mousse ferme. Juste avant le petit-déjeuner, ajoutez ¼ de tasse de lait, puis versez les blancs avec les jaunes. Mettez dans une poêle beurrée et faites revenir.

RAGOUT DE VEAU FROID.

Le cou, la longe ou le filet de veau peuvent être utilisés. Coupez le veau en escalopes. Mettez dans une poêle un morceau de beurre; lorsqu'il est chaud, fariner et faire revenir le veau légèrement doré. Sortez-le et mettez 1 litre d'eau bouillante dans la casserole ; faites-le bouillir pendant une minute et égouttez-le dans une bassine, pendant que vous faites un épaississement comme suit : faites fondre une once de beurre dans une casserole et mélangez-y autant de farine que vous pourrez le sécher ; remuez-le sur le feu quelques minutes et ajoutez-y progressivement le jus que vous avez fait dans la poêle ; laissez-les mijoter ensemble pendant dix minutes. Assaisonner avec du poivre, du sel, un peu de macis, 1 verre de vin de ketchup aux champignons ou du vin jusqu'à ce que la viande soit bien réchauffée. Le lard cuit, tranché, peut être mis à réchauffer avec le veau.

N° 35.

TARTE À LARK.

Cueillez 4 douzaines d'alouettes propres, flambez-les ; coupez les ailes et les pattes, sortez les gésiers et disposez les alouettes sur un plat. Coupez 2 livres d'escalopes de veau et 1 livre de jambon en pétoncles. Faites-les revenir dans une poêle avec un peu de beurre frais, 1 boîte de champignons, du persil, 1 petit oignon, une demi-feuille de laurier, 1 branche de thym haché finement ; assaisonner avec du poivre de Cayenne, du sel et du jus de citron. Ajoutez à cela ¼ de pinte de ketchup aux champignons et la même quantité de sauce riche. Faire bouillir le tout pendant 3 minutes, puis déposer les Saint-Jacques de veau et de jambon l'une sur l'autre au fond du plat ; placez les alouettes proprement et étroitement les unes aux autres ; versez dessus la sauce et mettez les champignons au centre . Couvrir de pâte feuilletée. Cuire la tarte 1¼ heure et servir.

N° 36.

TARTE AU POULET À LA REINE.

Pâte, 1 poulet tendre et dodu, ½ livre de porc salé, ½ cuillère à café de céleri, sel et thym, 4 brins de persil, poivre blanc et sel au goût. Coupez le poulet en petits morceaux, le porc en pétoncles nets et laissez mijoter doucement dans 1½ litre d'eau jusqu'à ce qu'il soit presque cuit. Tapisser le bord d'un plat à pudding avec la pâte, former des couches de poulet, de porc et d'assaisonnements ; une fois utilisé, saupoudrer de persil haché; remplir de sauce, couvrir, décorer, laver avec du lait et cuire à four régulier 40 minutes.

TARTE À LA CRÈME DE CITRON ET À LA MERINGUE.

Après avoir réalisé la tarte à la crème de citron, montez les 4 blancs d'œufs en une mousse sèche ; incorporer délicatement 1 tasse de sucre; étaler sur le dessus de la tarte et remettre au four pour prendre; une couleur fauve.

N° 38.

TIMBALES DE MACARONI.

Prenez 2 litres d'eau et faites-y bouillir 1 livre de macaroni avec ½ livre de beurre, 8 grains de poivre et un peu de sel. Une fois cuit et froid, laissez-en égoutter la moitié sur une serviette. Beurrer l'intérieur d'un moule ordinaire , couper les macaronis en tronçons d'un demi-pouce et recouvrir le fond du moule avec ceux-ci, en les plaçant sur l'extrémité ; recouvrez-le d'une épaisse couche de farce de poulet; Tapisser les côtés du moule de la même manière en lissant l'intérieur avec le dos de la cuillère dans l'eau chaude ; remplir la cavité d'une blanquette de volaille à la sauce épaisse ; recouvrir le tout d'une couche de farce comme suit : Découper du papier à la taille du moule , le beurrer, étaler un peu de farce dessus, tremper un couteau dans l'eau chaude et lisser la surface avec, saisir le papier à deux mains et le retourner. à l'envers sur la timbale. Laissez le papier en place de manière à pouvoir le retirer facilement lorsque la farce aura suffisamment cuit à la vapeur. Une heure et demie avant le dîner, placez la timbale dans une marmite deux fois plus grande, sur un anneau, pour éviter qu'elle ne touche le fond, afin que l'eau de la marmite, qui n'arrive qu'à mi-hauteur du moule , puisse circuler librement sous il. Placer sur le feu pendant une heure, puis pendant ½ heure supplémentaire, mettre au four pour laisser dorer le dessus. Une fois terminé, retirez le papier de la timbale et soulevez délicatement le moule . Versez dessus un peu de sauce suprême et décorez de truffes et de champignons.

N° 39.

SELLE DE MOUTON.

Prenez une selle de mouton, extrayez soigneusement l'os de la colonne vertébrale, coupez le bout de la queue en rond, coupez les rabats en carré, assaisonnez la partie intérieure avec du poivre et du sel, enroulant chaque rabat de manière à lui donner un aspect soigné, en nouant une ficelle autour plusieurs fois. fois. Le mouton doit être préparé pour être braisé avec des carottes, des oignons, du céleri, des clous de girofle et du macis ; humidifier avec une quantité de bon bouillon de manière à recouvrir le mouton ; placez un papier beurré et un couvercle sur le tout et mettez la braisière sur feu modéré. Après ébullition, laissez-le continuer à braiser ou à mijoter pendant 4 heures en l'arrosant soigneusement ; une fois terminé, prenez-le et placez-le au four pour sécher sur une poêle. Dressez le tout et décorez de carottes, navets, choux-fleurs, haricots verts, concombres, têtes d'asperges, petites pommes de terre nouvelles et petits pois . Versez un peu de sauce autour du mouton et servez-le.

<h3 align="center">N° 40.</h3>

<h2 align="center">LANGUE DE BŒUF.</h2>

Prenez une langue marinée, passez une brochette de fer d'un bout à l'autre, attachez une ficelle d'un bout à l'autre de la brochette, de manière à lui faire garder sa forme ; mettez la langue sur le feu dans de l'eau froide ; laissez-le bouillir doucement pendant trois heures, puis retirez-le et, après avoir retiré la cuticule ou la peau extérieure, placez-le dans le garde-manger pour qu'il refroidisse ; coupez soigneusement, enveloppez-le dans un morceau de papier beurré, mettez-le dans une cocotte ovale avec un peu de bouillon ; ¾ d'heure avant de servir à table, mettre la langue au four ou à feu doux pour la réchauffer, puis la glacer et la garnir de quelques épinards préparés autour ; verser un peu de sauce et servir.

<h3 align="center">N° 41.</h3>

<h3 align="center">Escalopes de mouton.</h3>

Parez les escalopes et disposez-les en cercle dans une poêle avec un peu de beurre clarifié ; faire revenir rapidement pour dorer des deux côtés ; avant d'avoir fini, versez la graisse; ajoutez ½ pinte de vin rouge (porto ou bordeaux), 1 boîte de champignons préparés et la même quantité de petits oignons préalablement mijotés dans un peu de beurre à feu doux jusqu'à cuisson complète ; assaisonner avec une pincée de poivre réséda, un peu de sel, un peu de muscade râpée, une cuillère à café de sucre pilé ; mettre le tout à ébullition sur le feu 2 minutes, ajouter une cuillerée de sucre brûlé ; laissez les escalopes mijoter très lentement pendant 20 minutes. Les côtelettes doivent être disposées en cercle ; ajoutez un demi-verre de vin rouge; faire bouillir le tout 1 minute et garnir le centre de champignons ; verser la sauce sur les escalopes et servir.

<h3 align="center">N° 42.</h3>

<h3 align="center">Escalopes de mouton aux marrons.</h3>

Dresser les escalopes, comme indiqué précédemment, garnir de châtaignes préalablement chauffées dans une cocotte, afin que la coque se décolle facilement ; prenez les châtaignes avec un peu de bon bouillon et mettez-les dans une cocotte propre ; laissez mijoter; une fois terminé, pilez-le dans un mortier ; mettre dans une casserole avec un peu de sucre, de la muscade, ½ litre de crème ; réduire la pulpe, passer au tamis, mettre dans une cocotte, laisser chauffer, incorporer un peu de beurre, verser sur les escalopes rondes un peu de sauce.

N° 43.

VOL-AU-VENTS.

[Quantité pour 2 vol-au-vents].

Pâte : une livre de beurre, 1 livre de farine ; diviser le beurre en 4 parts, en frotter ¼ dans la farine, mélanger à la main, avec un peu d'eau, puis mettre sur une planche à pâtisserie ; étaler et mettre le deuxième ¼ de beurre en couches sur cette pâte ; pliez-le et roulez-le, et ajoutez les deux autres quartiers de la même manière ; garder 1 heure sur la glace pour refroidir ; rouler et couper cette pâte en 4 parties ; rouler ¼ pour le dessus et ¼ pour le fond de la tarte. Ceux-ci doivent être découpés en forme ovale ; coupez les morceaux et les extrémités restantes de la pâte en forme de fleurs et de feuilles pour garnir les côtés des 2 étages de tarte. Les 2 quarts restants sont pour un autre vol-au-vent fixé de la même manière. Découpez le centre du couvercle supérieur et remplissez-le de fleurs et de feuilles en pâtisserie. Mettez à four chaud et laissez cuire ¾ d'heure. Pendant la cuisson, cette pâte va lever et gonfler sous la forme d'un cylindre. Pendant qu'elle est chaude, décollez ce centre fleuri sur le dessus de la tarte, et de cette ouverture grattez tout l'intérieur, ne laissant qu'un cylindre creux de croûte. Mettez-y une demi-douzaine de vrais ris de veau, étuvés et décortiqués ; 1 douzaine de truffes pelées et tranchées ; ½ boîte de champignons coupée en deux. Faire une sauce avec 1 cuillère à soupe de beurre, 1 de farine, ½ litre de crème, 1 litre de lait ; frottez le beurre et la farine ensemble, faites bouillir le lait et la crème et faites une riche sauce de beurre et de farine, de lait et de crème, le tout mélangé ; cuire dans cette sauce les ris de veau, les truffes, les champignons, ½ cuillère à café de muscade, le poivre blanc et le sel chacun pour 1 cuillère à café ; mis ensemble; remuer en faisant bouillir; faire bouillir 20 minutes. Au moment du dîner, remplissez la pâte et servez-la avec des truffes, des champignons et des ris de veau chauds. Envoyez à table la saucière pleine de sauce avec la pâte.

N° 44.

CROQUETTES.

Prenez un poulet de taille moyenne, faites-le bouillir, une paire de ris de veau, et ½ boîte de champignons, 1 petite boîte de truffes, 1 branche de céleri, un petit oignon, quelques brins de persil ; hachez le tout très finement;

porter à ébullition une sauce composée de 1 litre de lait et d'eau de poulet ½ litre, une grosse cuillère à soupe de beurre, 2 cuillères à soupe de farine, puis battre 2 œufs dans la sauce après refroidissement ; assaisonner au goût avec du poivre, du sel et de la muscade; ajoutez le poulet haché; porter à ébullition et remuer 15 minutes ; verser dans des assiettes pour refroidir; puis rouler en forme de poires ou d'œufs ; roulez-les dans un œuf battu puis dans la chapelure ; coller un os de côte au bout des formes de poire ; faites-les bouillir dans du saindoux chaud d'un brun délicat ; puis déposez-le sur une serviette dans une assiette et décorez de persil. Disposez-les sur un plat de forme ovale.

N° 45.

Escalope de poisson de roche.

[Peut être préparé à partir de n'importe quel poisson.]

Prenez un poisson de roche, après l'avoir lavé, coupez-le jusqu'à la colonne vertébrale, retirez la colonne vertébrale, coupez les côtes, puis coupez le poisson en morceaux carrés. Retirez-les de la peau, lardez-les avec des petits morceaux de truffes préalablement pelées et tranchées, les tranches étant coupées aux trois quarts. Prenez ensuite un couteau bien aiguisé et enfoncez-les dans le poisson. Salez le poisson et mettez au frais pendant 1 heure. Une demi-heure avant le dîner, prenez une lèchefrite de taille moyenne, mettez-y ½ litre de lait et une cuillère à soupe de beurre ; disposer tous les morceaux de poisson séparés dans cette poêle, côté truffe vers le haut, mettre une presse dessus pour les maintenir droits, mettre sur le feu pendant ¼ d'heure. Une fois terminé, prenez ½ litre de lait, avec le lait qu'il y a dans la casserole, 2 cuillères à soupe de farine, 1 cuillère à café de poivre blanc, 1 cuillère à soupe de beurre ; mélangez le beurre et la farine jusqu'à obtenir une crème, puis versez le lait chaud pour obtenir une sauce riche. Mettez dans cette sauce 1 douzaine de champignons et ce qui reste de truffes ; couper les champignons en quatre quarts. Prenez le poisson et répartissez-le autour de votre plat. Faire bouillir les pommes de terre françaises et les mettre au centre du plat ; garnir le plat de persil et de tranches de citron.

N° 46.

RISSOLES.

Pâte feuilletée – Hachez la poitrine d'un poulet comme pour faire des croquettes. Après ébullition, prélevez 2 cuillères à café du mélange, puis étalez la pâte très finement ; prenez un emporte-pièce et coupez la pâte ; prenez les 2 cuillères à café de mélange de poulet et un œuf battu et mouillez le bord de la pâte coupée, mouillez-la également sur tout le dessus, et roulez-les dans les vermicelles. Faites-les bouillir jusqu'à ce qu'ils soient dorés dans du saindoux chaud. Servir sur une serviette posée sur un plat garni de cresson.

[Voir reçu pour faire des croquettes .]

N° 47.

Escalopes de poulet.

[Quantité pour un poulet.]

Faire bouillir le poulet suffisamment pour le manger ; sortez-le et laissez-le refroidir ; prendre toute la viande blanche et la hacher très finement avec des champignons et une branche de céleri ; prenez ¼ livre de beurre, 2 pleines cuillères à soupe de farine, 2 jaunes et 1 blanc d'œufs, ½ litre de lait, ½ tasse à thé d'eau de champignon dans laquelle un peu de muscade a été râpée , ½ litre de crème. Mélangez le beurre et la farine, faites bouillir le lait, la crème et l'eau des champignons dans laquelle mettez le beurre et la farine ; cela fera une sauce riche, assaisonnée au goût. Une fois refroidi, ajoutez un peu les œufs battus; ajouter le poulet, remuer pour obtenir une pâte riche ; faire bouillir 15 minutes, remuer pendant l'ébullition, verser dans un plat, laisser refroidir ; faire des escalopes ou des côtelettes de mouton, prendre les côtes et les mettre en tiges ; puis roulez les escalopes dans l'œuf battu dans lequel le pain a été râpé , mettez-les dans le saindoux chaud et faites-les revenir délicatement. Garnir de petits pois et de persil, ou de champignons et de persil. Servir chaud.

N° 48.

PATE-LA-FOIE-GRAS.

Faites une soupe de bouillon fort; laissez bouillir pendant deux heures; mettez quelques brins de thym, un d'oignon et un petit bouquet de branches de céleri ; une fois terminé, laissez refroidir et écumez la graisse. À chaque pot de ½ pinte de Pâté-la-foie-gras, mélangez trois pintes de boullion ; prenez une demi-boîte de gélatine fondue dans une tasse de bouillon ; battre le blanc d'un œuf et 2 coquilles d'œufs (pas très légères) dans le bouillon pendant qu'il est froid, remuer la gélatine fondue jusqu'à ce qu'elle commence à bouillir, disons pendant environ 10 minutes, ajouter le poivre et le sel. Après ébullition environ 10 minutes, passer au travers d'un sac en flanelle ; mettez de la glace, mais ne la laissez pas devenir très froide. Mettre dans un moule à gelée une couche de gelée, couper les champignons en étoiles et demi-lunes et déposer dessus la couche de gelée, puis une tranche de Pâté-la-foie-gras, ensuite une couche de gelée, couper les truffes en petits morceaux dans en forme de fleurs ou de diamants, et posés sur des couches de gelée ; continuez jusqu'à ce que le moule soit rempli, puis mettez de la glace ; garnir à votre guise.

N° 49.

SALADE DE POULET À LA SAUCE MAYONNAISE.

Une paire de poulets, faites-les bouillir ; laissez-les refroidir, épluchez-les et coupez-les en petits dés ; 2 douzaines de branches de céleri ; coupez 4 têtes de laitue blanches, de taille moyenne; 1 des têtes dures blanches doit être coupée avec le céleri et le poulet. Prenez une tasse à thé d'huile douce, ¼ de tasse à thé de vinaigre, une demi-cuillère à café légère de poivron rouge, du sel au goût, 1 cuillère à café de moutarde, 1 cuillère à soupe moyenne de sauce Worcestershire ; mélangez le tout avec le poulet et le céleri; laissez le céleri être parfaitement sec. Prenez une pomme de terre irlandaise de taille moyenne, faites-la bouillir, passez-la au tamis fin ; mettez-y une cuillère à café de moutarde, du poivre de Cayenne au goût, 2 jaunes d'œufs crus et 2 jaunes d'œufs durs écrasés très finement. Maintenant, battez bien les pommes de terre et les œufs ensemble, ajoutez une demi-tasse de vinaigre, petit à petit, et le contenu de 3 demi-pintes d'huile d'olive ; travaillez-le dans un sens jusqu'à ce qu'il devienne parfaitement rigide et léger ; mettez-le au congélateur 1 heure et laissez refroidir. Lorsque vous préparez le plat, mettez la salade sur le plat, mettez la vinaigrette à l'huile sucrée sur tout le dessus comme glaçage. Faire bouillir les betteraves rouges et les carottes, les couper en losanges, roses, etc., et garnir la salade avec des brins de persil ; prendre les trois autres salades coupées en quatre, en prendre un quart et le mettre au centre de la salade, et disposer les autres autour du plat avec du persil.

N° 50.

POMME CHARLOTTE.

Prenez 6 grosses pommes et hachez-les très finement, râpez l'intérieur d'une miche de pain rassis en miettes, râpez une demi-noix de muscade, prenez un moule à pudding en fer blanc, tapissez-le épais de fines tranches de pain beurrées, d'une couche de pain. de la chapelure, une couche de pommes et une couche de beurre composée de petits morceaux ; continuez à ajouter jusqu'à ce que la casserole soit très serrée — faites la dernière couche de beurre et de sucre. Cuire au four moyennement chaud pendant deux heures; servir avec une sauce à la crème. Mettez du sucre dans chaque couche.

N° 51.

CONSOMMER.

Prenez une pinte de consommé, avec 3 œufs bien battus et un peu de sel, et versez-la dans un plat allant au four ; mettez-le au four et laissez cuire 15 minutes. Cela va cuire comme un gâteau. Essayez avec une lame de couteau ; si c'est fait, le couteau sera clair. Mettez-le au frais, puis enlevez la croûte supérieure et inférieure, coupez le milieu en losanges et mettez-les dans la soupière, puis versez dessus la soupe.

<h3 style="text-align:center">N° 52.</h3>

<h2 style="text-align:center">CRÈME DE POISSON À LA LAIT.</h2>

Prenez n'importe quel type de gros poisson blanc, 4 livres dans un moule à pudding de trois pintes ; laver le poisson à l'eau froide, porter à ébullition et laisser refroidir. Retirez la peau et émiettez la viande des os avec une fourchette. faire bouillir une pinte d'huîtres; une fois terminé, laissez refroidir, puis retirez les cœurs ; faites bouillir une demi-pinte de lait et une demi-pinte de crème, battez 2 cuillères à soupe de farine et 1 de beurre pour obtenir une crème légère, qu'il faut incorporer au lait et à la crème bouillants ; cela fera une sauce riche ; assaisonner avec du poivre et du sel au goût. Retirez la sauce une fois cuite et incorporez le poisson et les huîtres, puis mettez dans un plat à pudding et mettez une couche de chapelure dessus ; sur la chapelure, mettez des flocons de beurre. Mettre au four et laisser cuire 20 minutes ; faire des croquettes de pommes de terre et les disposer sur le plat, qui doit être garni de persil ; Servir chaud.

<h3 style="text-align:center">N° 53.</h3>

<h3 style="text-align:center">FILETS DE SAUMON.</h3>

Prenez 5 livres de saumon, coupez-le dans le dos et retirez les filets. Lardez-le très près avec de fines lamelles de saindoux, enfilées à l'aiguille à larder. Mettez le gril, faites-le griller ; mettez du beurre, du poivre et du sel lors de la cuisson au gril. Une fois cela fait, prenez 1 litre d'huîtres dans un plat de filets ; égouttez les huîtres de toute liqueur; fricassez-les. Prenez 1 tasse à thé de crème, 1 cuillère à soupe de farine, 1 cuillère à soupe de beurre, mettez-y un peu de macis pour assaisonner et faites une sauce ; puis mettez les huîtres et laissez bouillir une fois pour que ce soit cuit. Versez 1 verre de vin. Prenez votre poisson, superposez les extrémités sur le plat ; versez vos huîtres au centre. Prenez 1 cuillère de pommes de terre françaises et disposez-en quatre tas autour du plat. Ces pommes de terre doivent être bouillies dans du saindoux et assaisonnées au goût.

<h3 style="text-align:center">N° 54.</h3>

<h3 style="text-align:center">SELLE DE VENISON.</h3>

[12 livres.]

Retirez la peau supérieure. Retirez une partie de la graisse, embrochez-la assez rondement ; laissez cuire ¾ d'heure; coupez-le dans le dos, sortez les filets, coupez-les en tranches, poivrez-les, salez-les et remettez-les. Préparez une sauce avec 1 tasse de sucre, ½ tasse de vinaigre, 2 tasses de tomates, l'essence de chevreuil, 1 cuillère à café de muscade, ½ tasse de vin. Servez-le avec le chevreuil. Réalisez des croquettes de pommes de terre à disposer autour du plat.

N° 55.

CATSUP AUX CHAMPIGNONS.

Les champignons adultes sont préférés. Mettez-en une couche dans un plat en terre profond et saupoudrez-les de sel ; puis une autre couche de champignons et encore du sel, et ainsi de suite alternativement sel et champignons. Laissez-les reposer 2 ou 3 heures, le sel aura alors parcouru tous les champignons et les rendra faciles à casser ; puis pilez-les dans un mortier ou écrasez-les bien avec vos mains, et laissez-les reposer quelques jours, pas plus, en les remuant et en les écrasant bien chaque jour ; puis versez-les dans un pot en pierre et à chaque litre, ajoutez 1½ once de poivre noir entier, ½ once de piment de la Jamaïque ; fermez le pot de très près et mettez-le dans une casserole d'eau bouillante ; laissez bouillir pendant 2 heures. Sortez le pot et débarrassez le jus des décantations en le versant au tamis à cheveux dans une casserole propre ; laissez bouillir doucement pendant ½ heure. Conserver dans un endroit sec et frais ; bouchez hermétiquement sinon il se gâtera.

N° 56.

CATSUP AUX NOIX.

Prenez 6 demi-tamis de coquilles de noix vertes, mettez-les dans une cuve, mélangez bien avec du sel commun (de 2 à 3 livres), laissez reposer 6 jours, en les battant et en les écrasant fréquemment ; au bout d'un moment, les coquilles deviendront molles et pulpeuses. En poussant les coquilles d'un côté de la baignoire et en inclinant légèrement la baignoire, la liqueur coulera de l'autre côté. Ce sera clair et clair. Sors-le; répétez le processus ci-dessus jusqu'à ce qu'il ne soit plus possible d'obtenir de l'alcool. Vous obtiendrez en tout environ 6 litres. Laissez mijoter dans une chaudière en fer jusqu'à ce que l'écume monte. Broyez ¼ livre de gingembre, ¼ livre de piment de la Jamaïque, 2 onces de poivre long, 2 onces de clous de girofle, mettez-les dans la liqueur et faites bouillir lentement pendant ½ heure. Une fois mis en bouteille, mettez une quantité égale d'épices dans chaque bouteille. Une fois bouchée, laissez la bouteille bien remplie. Bouchez hermétiquement, scellez-les et placez-les dans un endroit frais et sec pendant 1 an.

N° 57.

MOUTARDE RAPIDEMENT FAITE.

Mélangez très progressivement et frottez dans un mortier 1 once de farine de moutarde, 3 cuillères à soupe de lait ou de crème, ½ cuillère à café de sel et autant de sucre ; frotter ensemble jusqu'à consistance lisse.

N° 57.

FARCE POUR VEAU, DINDE OU CANARD.

Un quart de livre de suif de bœuf, ¼ livre de chapelure, 1 bouquet de persil, 1½ bouquet de marjolaine douce ou de thym citronné, un peu de citron râpé et de l'oignon haché le plus finement possible, un peu de poivre et de sel ; pilez-le avec le jaune et le blanc de 2 œufs, et fixez-le dans le veau avec une pique à brochette, ou cousez-le avec une aiguille et du fil.

N° 58.

CATSUP D'HUÎTRES.

Prenez de belles huîtres fraîches, lavez-les dans leur liqueur ; écrémez-le; pilez-les dans un mortier de marbre ; à 1 pinte d'huîtres, ajoutez 1 pinte de vin de xérès ; faites -les bouillir; ajoutez 1 once de sel, 2 cuillères à soupe de macis pilé et 1 cuillère à soupe de poivre de Cayenne ; laissez-le bouillir à nouveau, écumez-le et passez-le au tamis, et une fois froid, mettez-le en bouteille, bouchez-le bien et fermez-le.

N° 59.

POIVRONS FARCIS.

Une douzaine de poivrons verts ; retirez toutes les graines après avoir coupé un morceau du dessus ; déposez-les dans l'eau froide pendant 1h30; 1 paire de ris de veau étuvés et décortiqués ; 1 boîte de champignons, 1 branche de céleri, 1 gousse d'ail ; hachez tout bien; ½ miche de pain sans croûte. Râpez du poivre fin et du sel, un peu de muscade et ½ livre de beurre. Mélangez bien le tout; farcissez-en les poivrons. Mettez un morceau de gras de porc dans votre lèchefrite ; mettez les poivrons dans la graisse. Avant de mettre au four, mettez dessus un peu de beurre fondu et saupoudrez-les de farine. Quand ils commencent à cuire, versez un peu d'eau dans la poêle et arrosez-les bien. Laissez cuire ½ heure à four régulier. Les concombres peuvent être farcis de la même manière.

<h1 style="text-align:center">N° 60.</h1>

<h2 style="text-align:center">CAILLES FARCIES.</h2>

Prenez ½ ou 1 douzaine de cailles. Retirez les os comme pour la dinde désossée. Mettez les champignons, les truffes, la chapelure. Rendre cette farce moelleuse avec du beurre, du poivre et du sel. Assurez-vous de bien les farcir ; attachez-les, mais n'enlevez pas les pieds. Prenez un morceau de lard de porc et attachez-le sur la poitrine de chaque oiseau afin de le maintenir en forme. Faites-les ensuite cuire dans un plat allant au four, farinez-les et arrosez-les. Une fois terminé, préparez un peu de sauce avec de la gelée de groseilles, 1 verre de vin et le jus des oiseaux. Disposez les oiseaux sur un morceau de pain grillé beurré. Garnir le plat de cressons.

<h1 style="text-align:center">N° 61.</h1>

<h2 style="text-align:center">CÔTELETTES DE MOUTON.</h2>

Prenez 1 douzaine de côtelettes de mouton. Retirez l'os de la côtelette; façonnez-le tel qu'il était avant le retrait de l'os. Poivrez-les et salez-les ; placez-les dans l'œuf battu puis dans la chapelure. Mettez-les dans une poêle de saindoux chaud ; faire frire un brun délicat. Un demi-bec d'épinards, cueillis et propres, doit être mis dans l'eau bouillante. Laissez bouillir dix minutes. Placer dans l'eau froide dans une casserole; après avoir refroidi, essorez-le parfaitement pour le sécher. Hachez très finement; mélangez-y une cuillère à soupe de farine, 1 cuillère à soupe de beurre, une sauce de toute sorte ou de l'eau colorée de sucre brûlé. Mettre dans une cocotte avec du poivre, du sel et un peu de muscade. Couvrir étroitement pendant 10 minutes pour cuire, puis pendant 5 minutes supplémentaires sans couvrir. Faites attention à ne pas le laisser brûler. Disposez les épinards au centre du plat et disposez les côtelettes tout autour. Faire bouillir 3 œufs; coupez-les en quartiers et disposez-les autour du plat.

<h1 style="text-align:center">N° 62.</h1>

<h2 style="text-align:center">SOUFFLEE AU FROMAGE.</h2>

Prendre 3 cuillères à soupe de farine, 1 de beurre, un peu d'eau de poule ou d'eau bouillante claire ; crémer ensemble la farine et le beurre, verser de la soupe au poulet ou de l'eau bouillante dessus jusqu'à obtenir la consistance d'une pâte ; ôtez du feu, laissez refroidir, puis mettez le fromage finement râpé (ou le fromage anglais), mettez en même temps 5 jaunes d'œufs bien battus dans la pâte, un peu de poivre de Cayenne et un peu de sel ; battre les blancs en une mousse ferme ; mettez-les au frais, ainsi que la pâte, mais séparément. Lorsque vous envoyez le dîner, battez les blancs avec la pâte et faites cuire dans des moules , des gobelets en papier ou un plat à pudding ; laisser cuire le plus vite possible et servir directement à table ; doit être servi chaud.

N° 63.

SAUCE AUX PRUNES-PUDDING.

Prenez un verre de sherry, ½ verre de cognac ou d'essence de punch, 2 cuillères à café de sucre en morceaux pilé, un peu de zeste de citron râpé ; mettez le tout dans ¼ de pinte de beurre fondu épais, en râpant la muscade dessus.

N° 64.

SAUCE AUX CÂPES.

Une cuillère à soupe de câpres et 2 cuillères à soupe de vinaigre. Pour préparer les câpres, hachez- en $^{1/3}$ très finement, divisez le reste en deux ; mettez-les dans ¼ de pinte de beurre fondu ou de sauce épaissie ; remuez-les de la même manière que le beurre fondu, sinon il huilera. Quelques feuilles de persil finement hachées peuvent être ajoutées à la sauce ; gardez la bouteille de câpres bien bouchée; n'utilisez pas d'alcool; si les câpres n'en sont pas bien recouvertes, elles se gâteront. Cette sauce s'utilise avec un gigot de mouton bouilli.

N° 65.

SAUCE HOMARD.

Choisissez une belle poule homard ; qu'il soit frais ; faites-le bouillir; prélever le blanc et le corail rouge dans un mortier ; ajoutez ½ once de beurre, pilez-le, passez-le au tamis avec le dos d'une cuillère en bois, coupez la chair de homard en petits carrés, mettez le blanc pilé dans autant de beurre fondu que possible et mélangez jusqu'à ce que le tout soit mélangé ; maintenant, mettez la chair de homard et réchauffez-la sur le feu ; ne le laissez pas bouillir, car cela le privera de sa couleur rouge. Certains utilisent de la sauce de veau ou de bœuf au lieu du beurre fondu.

N° 66.

SAUCE AUX CHAMPIGNONS.

Choisissez et épluchez ½ pinte de champignons; laver et mettre dans une casserole avec ½ pinte de sauce de veau ou de lait, un peu de poivre et de sel, 1 once de beurre frotté avec une cuillère à soupe de farine ; mélangez-les et mettez-les sur un feu doux et laissez mijoter lentement jusqu'à ce qu'ils soient tendres ; écumer et égoutter.

N° 67.

SAUCE AUX CHAMPIGNONS—BRUN.

Mettez les champignons dans ½ pinte de sauce au bœuf, épaississez avec de la farine et du beurre et procédez comme ci-dessus.

N° 68.

SAUCE TOMATE.

Mettre sur le feu les tomates, le bouillon lavé, l'oignon, le persil et les assaisonnements ; faire bouillir jusqu'à obtenir une pulpe environ 35 minutes ; passer au tamis fin; Remettez sur le feu, faites chauffer, incorporez le beurre et servez.

N° 69.

CHROMSKIES.

Deux tasses de poulet, ½ tasse de champignons, ½ tasse de jambon, jaunes de 2 œufs, 1 petit oignon, 2 cuillères à soupe de persil haché, 1 cuillère à café rase de chacun de poudre royale, céleri, sel et thym, une grosse pincée de sel, 1½ cuillère à soupe de beurre et 2 de farine, 1 tasse de bouillon. Hachez finement l'oignon, faites-le revenir dans la cocotte avec le beurre ; lorsqu'elle est jaune foncé, ajoutez la farine, remuez 2 minutes ; ajouter le bouillon bouillant, les assaisonnements et les jaunes ; remuer 4 minutes de plus; ajoutez la volaille, le jambon et les champignons coupés en petits dés bien nets ; laisser raffermir en refroidissant ; coupez-les en morceaux nets, trempez-les dans du beurre ordinaire et faites-les frire dans beaucoup de saindoux chaud pendant 5 minutes.

N° 70.

CABINET PUDDING À LA FRANCAISE.

Prenez ½ livre de boudoirs et grattez la croûte; puis beurrez-les ; prenez un moule à pudding cannelé , beurrez-le bien, collez les boudoirs tout autour. Un quart de livre de cerises confites, ¼ de livre de citron, ¼ de livre de raisins secs avec les graines cueillies, ¼ de livre de groseilles lavées, ½ douzaine de macaronis. Prenez les grattages et le reste des boudoirs, en laissant 8 pour le dessus, et mettez tous les fruits dans ces miettes sèches. Mettez le tout dans le moule , avec une couche de beurre. Juste avant de mettre à ébullition, prenez 5 blancs et 7 jaunes de 7 œufs, 1 litre de lait, faites une crème anglaise sucrée selon votre goût. Versez-le sur le gâteau et les fruits dans le moule . Faire bouillir lentement 2h30. Prenez un verre de rhum de Jamaïque, 1 verre de lait, 2 œufs et préparez une sauce. Remuer jusqu'à ébullition et servir chaud. Prenez les 2 blancs d'œufs restants des 7 œufs utilisés précédemment, battez-les très légèrement et déposez-les sur le pudding une fois démoulé . Déposez dessus quelques cerises confites. Servir chaud.

N° 71.

PUDDING DE POISSON.

Trois livres de roche, faites-la bouillir pas assez pour servir ; Sors-le; laissez-le refroidir; puis enlevez toute la peau ; retirez le poisson des arêtes, en petits morceaux, non écrasés ; ½ boîte de truffes ; 1 boîte de champignons ; éplucher les truffes ; coupez les truffes et les champignons de la plus grande taille en forme de roses et d'étoiles avec de petits emporte-pièces ; prendre un moule à pudding cannelé et bien le graisser en plaçant les formes tout autour du moule ; coupez la plupart des champignons avec un peu de persil très fin et mettez-les avec le poisson ; les truffes doivent être découpées et mises dans la sauce ; ½ pinte de lait, une cuillère à soupe pleine de farine, une cuillère à soupe moyenne de beurre ; mélanger la farine et le beurre; mettez le lait à ébullition; puis versez-le dans la farine et le beurre ; puis versez le tout sur le poisson ; mettez-y du poivre et du sel; mettre le poisson dans un moule ; couvrez-le bien et placez-le dans une casserole d'eau bouillante aux deux tiers des côtés du moule et laissez-le cuire à la vapeur ½ heure ; prenez ½ pinte de crème et d'eau de champignon ; mettez-le sur le feu pour faire bouillir; frottez une cuillère à soupe de farine et de beurre; mélanger le tout en ajoutant le reste de truffes et de champignons et laisser bouillir le tout 10 ou 15 minutes ; assaisonner de poivre et de sel; 1 litre de cuillère de pommes de terre françaises ; faites-les bouillir dans du sel et de l'eau; une fois terminé, passez-le dans une passoire. Quand il est temps de servir le pouding au poisson, versez le poisson dans le plat et versez les pommes de terre autour du plat ; servir la sauce dans une saucière.

N° 72.

PUDDING DE SNIPE.

Choisissez 8 bécassines fines, grasses et fraîches ; brûlez-les; coupé en deux; sortez les gésiers et réservez le sentier pour une utilisation ultérieure ; assaisonner les bécassines avec du poivre, du sel, du jus de citron et réserver jusqu'à ce que vous le vouliez ; éplucher la moitié d'un oignon; couper en fines tranches et faire revenir dans une cocotte avec un peu de beurre ; une fois doré, ajoutez une cuillère à soupe de farine; mélanger sur le feu pendant 3 minutes; ajoutez une poignée de champignons et de persil hachés, une petite feuille de laurier, une branche de thym, un peu de macis et un petit oignon argenté ; mettez 1 pinte de bordeaux; remuez le tout sur le feu, et une fois bouilli 10 minutes, ajoutez le sentier et un petit morceau de bacon du petit-déjeuner ; laissez bouillir la sauce encore 3 minutes et passez au tamis les bécassines ; tapisser une bassine à pudding de pâte de suif; remplissez-le avec ce qui a été préparé, et une fois recouvert de pâte bien fixée sur les bords, laissez-le cuire à la vapeur dans une casserole couverte pendant 2 heures et demie ; une fois terminé, démoulez le bassin avec précaution ; versez dessus une riche sauce de gibier brune et servez.

N° 73.

PUDDING DE BISTEAK.

Pâte, 2½ livres de steak rond, 1 cuillère à café rase de sel de céleri, de thym et de marjolaine, 1 petit oignon, sel et poivre blanc au goût, 4 brins de persil. Tapisser un moule à pudding bien beurré avec la pâte, mouiller les bords, faire une couche de bœuf, coupé en coquilles Saint-Jacques bien nettes, parsemer d'oignon et de persil émincés finement et mélangés dans une assiette avec du céleri, du sel, du thym, de la marjolaine, du sel et du poivre. , puis une autre couche de bœuf, et l'assaisonnement, et ainsi de suite jusqu'à ce que chacun soit utilisé ; remplir d'eau froide, recouvrir de pâte, poser dessus un papier beurré et mettre dans une casserole avec de l'eau bouillante jusqu'aux deux tiers de l'extérieur du moule ; faites-le cuire à la vapeur ainsi 2 heures et demie, démoulez-le délicatement sur un plat, versez dessus le jus qu'il y a à portée de main, fait chaud et parfumé de toute sorte de sauce piquante .

N° 74.

PUDDING AUX PRUNES AU FOUR DE BOSTON.

1 tasse et demie de suif de bœuf débarrassé de la peau et haché très fin, 1 ½ tasse de raisins secs dénoyautés, 1 ½ tasse de groseilles lavées et cueillies, 1 tasse de cassonade, 2 tasses de farine, 1 cuillère à café de levure chimique, 4 œufs, 1 tasse de lait. , ½ tasse de citron haché, une pincée de sel, 1 cuillère à soupe d'extrait de muscade, 1 verre de cognac. Mettez tous ces ingrédients dans un bol, les œufs au fur et à mesure qu'ils tombent de la coquille, la farine tamisée avec la poudre et l'eau-de-vie ; mélanger à une pâte assez courte ; verser dans un moule à cake propre et bien beurré et cuire à four régulier pendant deux heures. Servir avec une sauce vanille.

N° 75.

SAUCE VANILLE.

Mettez ½ pinte de lait dans une petite casserole sur le feu ; lorsqu'elle est bien chaude, ajoutez les jaunes de 3 œufs, remuez jusqu'à ce qu'ils soient aussi épais qu'une crème anglaise bouillie ; ajoutez, une fois retirés du feu et refroidis, 1 cuillère à soupe d'extrait de vanille et les blancs de deux œufs montés en neige ferme.

N° 76.

CABINET PUDDING, 2.

Quatre muffins ou petits pains anglais, ½ pinte de lait, 1 pinte de crème, 4 œufs et 4 jaunes, 1 tasse de sucre ; ½ tasse d'amandes blanchies, en versant de l'eau bouillante dessus jusqu'à ce que la peau glisse facilement, et coupées en lambeaux ; 1 tasse de cerises séchées, d'abricots, de jauges vertes ou de tout autre fruit conservé, entier ou poêlé ; 1 verre noyeau . Bien beurrer un moule ; faire une couche de muffins coupés très fins, puis de fruits, d'amandes, et ainsi de suite, jusqu'à ce que tous les ingrédients soient utilisés ; battre ensemble le lait, la crème, le sucre, les œufs et le noyeau ; verser sur le contenu du moule et laisser reposer, avant la cuisson, au moins une demi-heure ; puis mettez-le dans une casserole avec de l'eau bouillante jusqu'aux deux tiers du moule ; faites-le cuire à la vapeur ainsi une heure ; Démoulez-le délicatement sur un plat et servez-le avec une sauce à la crème.

N° 77.

SAUCE À LA CRÈME.

Porter lentement à ébullition 2/3 pinte de crème ; mettre dans une casserole d'eau bouillante; quand il atteint le point d'ébullition, ajoutez le sucre ; puis versez-le lentement sur les blancs d'œufs montés en neige dans un bol ; ajoutez 1 cuillère à café d'extrait royal de vanille et utilisez.

N° 78.

PUDDING DE MAÏS VERT.

Huit épis de maïs, 1 grosse cuillère à café de beurre, ½ tasse de sucre, une pincée de sel, 2 œufs, 1 litre de lait, 1 cuillère à café d'extrait royal de vanille. Divisez chaque rangée de l'épi dans le sens de la longueur; coupez la pointe arrondie et, avec le manche de la cuillère, faites sortir les yeux et la crème dans un bol ; ajoutez au lait chaud les œufs bien battus, le sucre, le beurre et l'extrait ; versez-le dans un plat beurré, et enfournez 40 minutes à four modéré.

N° 79.

PUDDING AUX PRUNES.

Deux tasses de raisins secs, 2 tasses de groseilles, 2 tasses de suif, ½ tasse d'amandes blanchies, 2 tasses de farine, 2 tasses de muffins ou de pain au sucre royal râpé ; ½ tasse de zeste de citron, d'orange et de citron ; 8 œufs, 1 tasse de sucre, ½ tasse de crème, 1 branchie de vin et 1 de cognac, une grosse pincée de sel, 1 cuillère à soupe d'extrait royal de muscade, 1 cuillère à café de levure chimique royale. Mettez dans un grand bol les raisins secs épépinés, les groseilles lavées et cueillies, le suif haché très fin, les amandes coupées finement, les zestes de cédrat, d'orange et de citron hachés, le citron , le sucre, le vin, l'eau-de-vie et la crème ; enfin, ajoutez la farine tamisée avec la poudre et mélangez bien le tout ; mettez-le dans un grand moule bien beurré , mettez-le dans une casserole avec de l'eau bouillante jusqu'à la moitié des parois du moule , et faites-le cuire à la vapeur ainsi pendant cinq heures ; démouler délicatement sur son plat et servir avec une sauce piquante au brandy.

N° 80.

PUDDING AU TAPIOCA.

Une tasse de tapioca, trempée dans 1 litre d'eau froide pendant la nuit, 1 tasse de sucre, 1½ litre de lait et 4 œufs.

N° 81.

PUDDING D'ARMOIRE, 1.

Demi-livre de génoise rassis, ½ tasse de raisins secs, ½ boîte de pêches, 4 œufs et 1½ litre de lait. Beurrer un moule ovale uni ; déposer une partie du gâteau rassis, $^{1/3}$ des raisins secs dénoyautés , $^{1/3}$ des pêches ; faire deux couches du reste du gâteau, des raisins secs et des pêches ; recouvrir d'une très fine tranche de pain, puis verser dessus le lait battu avec les œufs et le sucre ; mettre dans une casserole avec de l'eau bouillante, jusqu'aux deux tiers du côté du moule ; Faites-le cuire à la vapeur ¾ d'heure et démoulez-le délicatement sur un plat. Servir avec une sauce aux pêches.

N° 82.

PUDDING À LA CRÈME.

Un litre et demi de lait, 4 œufs, 1 tasse de sucre, 2 cuillères à café d'extrait royal de vanille. Battez les œufs et le sucre ensemble; diluer avec le lait et l'extrait ; verser dans un plat à pudding beurré, mis au four dans une lèchefrite remplie aux deux tiers d'eau bouillante ; cuire au four jusqu'à consistance ferme, environ 40 minutes, à four modéré.

N° 83.

PUDDING AUX PRUNES.

Deux tasses de raisins secs et de groseilles dénoyautés, lavés et cueillis, du suif de bœuf finement haché et du sucre au café, 3 tasses de muffins anglais ou de pain râpé, 8 œufs, 1 tasse chacun, du citron et des amandes hachés, blanchis en versant de l'eau bouillante dessus. jusqu'à ce que les peaux glissent facilement, 1 zeste de citron et une pincée de sel. Mélangez tous ces ingrédients dans un grand bol, mettez dans un moule bien beurré , mettez dans une casserole avec de l'eau bouillante jusqu'aux deux tiers de ses parois, faites-le cuire à la vapeur ainsi 5 heures ; retournez-le soigneusement sur son plat et servez-le avec du cognac versé dessus et de la sauce au cognac dans un bol. Au moment de servir, le cognac doit être incendié.

N° 84.

RIZ AU PUD.

Une tasse de riz, 1 litre de lait, 4 œufs, 1 cuillère à soupe de beurre, 1 tasse de sucre et une pincée de sel. Faites bouillir le riz dans 1 litre de lait jusqu'à ce qu'il soit tendre, puis retirez-le du feu ; ajoutez les œufs, le sucre, le sel et le lait battus ensemble et mélangez; verser dans un plat à pudding, casser le beurre en petits morceaux sur la surface et enfourner à four régulier 30 minutes. Servir avec une sauce au cognac.

N° 85.

SAUCE À LA PÂTE.

Une pinte de lait, des jaunes de 4 œufs, ½ tasse de sucre. Allumez le feu et remuez jusqu'à épaississement.

N° 86.

SAUCE AU VIN ROYAL.

Portez lentement à ébullition ½ litre de vin, puis ajoutez-y les jaunes de 4 œufs et 1 tasse de sucre ; fouettez-le sur le feu jusqu'à ce qu'il soit dans un état de mousse élevée et un peu épais ; retirer et utiliser comme indiqué.

N° 87.

PUDDING PRINCESSE.

Deux tiers d'une tasse de beurre, 1 tasse de sucre, 1 grande tasse de farine, 3 œufs, ½ cuillère à café de levure chimique royale et un petit verre de cognac. Frottez jusqu'à obtenir une crème onctueuse avec le beurre et le sucre, ajoutez les œufs, un à un, en battant quelques minutes entre eux ; ajouter la farine tamisée, la poudre et l'eau-de-vie ; mettre dans un moule bien beurré ; mettre dans une casserole avec de l'eau bouillante pour atteindre la moitié de ses côtés; Faites-le cuire à la vapeur ainsi 1h30, retournez délicatement son plat et servez avec une sauce au citron.

N° 88.

PUDDING DU YORKSHIRE.

Trois quarts de litre de farine, 3 œufs, 1½ litre de lait, une pincée de sel, 1½ cuillère à café de levure chimique Royale. Tamisez ensemble la farine et la poudre, ajoutez les œufs battus avec le lait ; incorporer rapidement dans une pâte un peu plus fine que pour les gâteaux à la plancha ; versez-le dans une lèchefrite, abondamment tartiné de jus de bœuf froid ; cuire au four 25 minutes. Servir avec du rosbif.

N° 89.

PUDDING CHALET.

Préparez une génoise – environ une génoise moulée d'une demi-livre ; ¼ livre d'amandes, blanchissez-les. Lorsque le gâteau est cuit, collez ces amandes partout. Versez ½ pinte de vin de Xérès dessus. Couvrez-le et rangez-le jusqu'au moment de servir. Prenez 1 litre de lait, faites-le bouillir, 7 jaunes d'œufs ; mélanger avec du sucre pour goûter l'essence de citron ou de vanille. Quand le lait bout, versez-le sur les œufs. Versez-le dans une casserole et laissez-le presque bouillir pour l'épaissir. Retirez-le du feu et placez-le dans une glacière pour le laisser refroidir. Battre les blancs d'œufs en une mousse ferme ; mettez-y en battant un peu de gelée de pomme, de framboise ou de groseille, ou toute sorte de confiture. Au moment de servir, versez la crème anglaise sur le gâteau et mettez le glaçage sur toute la crème anglaise.

N° 90.

PUDDING DE VERMICELLES.

Faire bouillir 1 litre de lait avec le zeste de citron et la cannelle, sucrer avec du sucre en pain, passer au tamis en ajoutant ¼ de livre de vermicelles ;

faire bouillir 10 minutes, mettre les jaunes de 5 œufs et les blancs de 3 œufs. Bien mélanger et cuire à la vapeur 1h30. Cuire au four ½ heure.

N° 91.

FLAMES BOUILLIES.

Mettez dans une casserole 1 litre de lait nouveau, avec le zeste d'un citron coupé très fin, un peu de muscade râpée, une feuille de laurier ou de laurier, un petit bâton de cannelle. Mettez sur un feu rapide. Ne le laissez pas déborder. Une fois bouilli, déposez-le sur un côté de la cuisinière. Laissez mijoter 10 minutes. Cassez les jaunes de 8 œufs et les blancs de 4 œufs dans une bassine ; battez-les bien; puis versez le lait, petit à petit, en remuant le plus rapidement possible pour que les œufs ne caillent pas. Remettez le feu en remuant. Laisser bouillir une fois ; passez-le au tamis fin. Une fois froid, ajoutez du cognac ou du vin blanc. Servir dans des verres ou des tasses. Les crèmes pâtissières sont recouvertes d'un peu de muscade râpée. Cuire au four 15 ou 20 minutes.

N° 92.

POINÇON ROMAIN.

Préparez 2 litres de limonade riche avec le pur jus de citron et ajoutez-y 1 cuillère à soupe d'extrait de citron ; travaillez bien et congelez; juste avant de servir et pour chaque litre de glace ½ pinte de cognac et ½ pinte de rhum jamaïcain. Mélangez bien et servez dans des verres hauts, car cela donne ce qu'on appelle une demi-glace. Il est généralement servi lors des dîners en coup d'milieu .

N° 93.

GLAÇAGE TRANSPARENT.

Placez 1 livre de sucre blanc pulvérisé dans une bassine avec ½ pinte d'eau. Faire bouillir jusqu'à consistance de mucilage, puis frotter le sucre avec une spatule en bois contre les parois des casseroles jusqu'à ce qu'il prenne un aspect laiteux. Incorporer 2 cuillères à soupe d'extrait de vanille ; bien mélanger. Versez-le chaud sur le dessus du gâteau de manière à le recouvrir entièrement.

N° 94.

GLACE AU CAFÉ.

Un litre de meilleure crème, ½ pinte de café moka fort, 14 onces de sucre blanc pulvérisé, 8 jaunes d'œufs. Mélangez ces ingrédients dans une bassine tapissée de porcelaine; mettre au feu pour épaissir; passer au tamis à cheveux dans une bassine ; mettre au congélateur et congeler.

N° 95.

GLACE ITALIENNE À L'ORANGE.

Une pinte et demie de meilleure crème, 12 onces de sucre blanc pulvérisé, le jus de 6 oranges et 2 cuillères à café d'extrait d'orange, les jaunes de 8 œufs et une pincée de sel. Mélangez ces ingrédients dans une bassine tapissée de porcelaine et remuez sur le feu jusqu'à ce que la composition commence à épaissir ; frotter et passer la crème au tamis à cheveux ; mettre au congélateur et terminer.

N° 96.

GLACE À L'EAU DE FRAMBOISE.

Pressez suffisamment de framboises à travers un tamis à cheveux pour obtenir 3 pintes de jus. Ajoutez 1 livre de sucre blanc pulvérisé et le jus d'1 citron. Placer au congélateur et congeler.

N° 97.

GLACE AU CHOCOLAT.

Trois pintes de meilleure crème, 12 onces de sucre blanc pulvérisé, 4 œufs entiers, une cuillère à soupe d'extrait de vanille, une pinte de crème fouettée riche, 6 onces de chocolat ; dissoudre dans une petite quantité de lait pour obtenir une pâte lisse; mélangez-le maintenant avec la crème, le sucre, les œufs et l'extrait. Mettez le tout sur le feu et remuez jusqu'à ce que cela commence à épaissir ; passer au tamis à cheveux, placer au congélateur et, une fois presque congelé, incorporer légèrement la crème fouettée.

N° 98.

GLACE À L'EAU CITRON.

Jus de 6 citrons, 2 cuillères à café d'extrait de citron, 1 litre d'eau, 1 livre de sucre cristallisé, 1 crème sucrée riche en branchies ; ajouter le tout et filtrer. Congeler comme la crème glacée.

N° 99.

GLACE À L'EAU D'ORANGE.

Jus de 6 oranges, 2 cuillères à café d'extrait d'orange, jus d'1 citron, 1 litre d'eau, 1 livre de sucre cristallisé, 1 crème sucrée riche en branchies ; ajouter le tout et filtrer. Congeler comme la crème glacée.

N° 100.

GÂTEAU SULTANE.

Deux tasses de beurre, 1½ tasse de sucre, 6 œufs, ½ tasse de crème épaisse, 1½ tasse de farine, 1 cuillère à café de levure chimique, 4 tasses de raisins sultana, ½ tasse de citron haché. Frotter le beurre et le sucre jusqu'à obtenir une crème très légère ; ajouter les œufs, 2 à la fois, en battant 5 minutes entre chaque ajout; ajoutez la farine tamisée avec la poudre, la crème, les raisins secs et le citron. Mélangez pour obtenir une pâte assez ferme, mettez dans un moule à cake tapissé de papier et enfournez à four modéré 1h30. A la sortie du four, étalez délicatement un peu de glaçage transparent.

N° 101.

GÂTEAUX VARIÉGÉS.

Une tasse de sucre en poudre, ½ tasse de beurre crémé avec le sucre, ½ tasse de lait, 4 œufs, les blancs montés uniquement, fouettés légers ; 2½ tasses de farine préparée , arôme d'amande amère, jus d'épinards et cochenille, crème, beurre et sucre ; ajouter le lait, l'arôme, les blancs et la farine. Divisez ce dernier en trois parties. Broyez et écrasez quelques feuilles d'épinards dans de fins sacs de mousseline jusqu'à ce que vous puissiez en exprimer le jus. Mettez-en quelques gouttes dans une portion de la pâte; colorez-en un autre avec de la cochenille, laissant le troisième blanc. Mettez un peu de chacun dans de petites casseroles ou tasses rondes, en remuant un peu chaque couleur au fur et à mesure que vous ajoutez la suivante. Cela veinera joliment les gâteaux. Mettez le blanc entre le rose et le vert pour que les teintes ressortent mieux. Si vous parvenez à piler les pistaches pour obtenir le vert, les gâteaux seront bien meilleurs. Glace sur les côtés et sur le dessus.

N° 102.

CRÊPES SUISSES.

Une demi-tasse de beurre, ½ tasse de sucre, 1½ tasse de farine, 1 cuillère à café de levure chimique, 1 grosse pomme pelée, épépinée et hachée finement, ½ pinte de lait, ½ pinte de crème, 1 cuillère à café d'extrait de muscade et de cannelle, 4 œufs. Tamisez la farine avec la poudre, ajoutez-y le beurre fondu, le sucre et les œufs battus ensemble et dilués avec le lait, la crème et les extraits. Faites fondre un morceau de beurre dans une petite poêle ronde, versez-y environ ½ tasse de beurre ; retournez la poêle pour que la pâte la recouvre ; faire frire d'un seul côté. Servez-les empilés les uns sur les autres, avec du sucre parsemé entre les gâteaux.

N° 103.

CRÊPES ALLEMANDES.

Procéder comme indiqué pour les crêpes suisses, en étalant de la crème pâtissière entre chacune, et servir avec une sauce à la gelée de groseilles.

N° 104.

CRÊPES SCOTCH.

pinte de lait, 2 cuillères à soupe de beurre, 4 œufs, 2/3 tasse de farine, 1 cuillère à soupe de levure chimique ; une pincée de sel; tamiser ensemble la farine, le sel et la poudre, ajouter le lait, les œufs et le beurre fondu ; mélanger dans une pâte fine; ayez une petite poêle ronde avec un peu de beurre fondu dedans ;

verser ½ tasse de pâte; retourner le moule pour le recouvrir de pâte; placer sur un feu vif pour dorer; puis placez-la devant le feu, et la crêpe se lèvera ; tartinez chacun de marmelade ou de gelée, roulez-le et servez avec des tranches de citron et du sucre.

N° 105.

CRÊPES FRANÇAISES.

Six cuillères à soupe de farine, 1 litre de lait, 5 œufs, 1 cuillère à café de levure chimique, 1 cuillère à soupe de beurre, deux cuillères à soupe de sucre, de la muscade au goût ; mélanger la farine, les œufs, le beurre, le sucre et 1 litre de lait pour obtenir une pâte épaisse ; versez l'autre pinte de lait, ajoutez la poudre et servez avec une sauce au vin ou à la crème.

N° 106.

TARTE À LA CITROUILLE.

Pâte, 1 pinte de compote de citrouille, 3 œufs, 1½ pinte de lait, 2 cuillères à café de gingembre, 1 cuillère à café de muscade, des clous de girofle, de la cannelle et du macis, une pincée de sel et 1 tasse de sucre. Faites cuire le potiron comme suit : Coupez en deux un potiron de couleur profonde, ferme et de texture serrée ; retirez les graines, mais ne les épluchez pas ; couper en petites tranches et mettre dans une casserole peu profonde avec environ ½ tasse d'eau ; couvrez très légèrement, et dès que de la vapeur se forme, placez-le là où il ne brûlera pas ; lorsque la citrouille est tendre, éteignez la liqueur et remettez-la sur la cuisinière pour qu'elle sèche à la vapeur ; puis mesurez, après avoir filtré, une pinte ; ajouter le lait bouillant, le sucre mélangé aux épices et au sel, et bien mélanger ; ajoutez les œufs battus en dernier; tapisser une assiette à tarte bien graissée avec la pâte; formez un bord épais sur le pourtour, versez la citrouille préparée et faites cuire au four rapide et régulier environ 30 minutes jusqu'à ce que la tarte soit ferme au centre.

N° 107.

GÂTEAU AU GINGEMBRE.

Trois quarts de tasse de beurre, 2 tasses de sucre, 4 œufs, 1½ cuillère à café de levure chimique, 1½ litre de farine, 1 tasse de lait, 1 cuillère à soupe d'extrait de gingembre ; frotter le beurre et le sucre pour obtenir une crème légère, ajouter les œufs 2 à 2 en battant 5 minutes entre deux ; ajouter la farine tamisée avec la poudre, le lait et l'extrait ; mélanger dans une pâte lisse et moyenne; cuire dans un moule à cake à four bien chaud 40 minutes.

N° 108.

GÂTEAU AUX HUCKLEBERRY.

Une tasse de beurre, 2 tasses de cassonade, 4 œufs, 1½ pinte de farine, 2 cuillères à café de levure chimique, 2 tasses de myrtilles lavées et cueillies, 1 cuillère à café d'extrait de clou de girofle, de cannelle et de piment de la

Jamaïque, une tasse de lait ; frotter le beurre et le sucre pour obtenir une crème légère ; ajoutez les œufs 2 à la fois, en battant 5 minutes entre eux; ajouter la farine tamisée avec la poudre, les myrtilles, les extraits et mélanger ; incorporer une pâte; mettre dans un moule à cake tapissé de papier, cuire à four rapide 50 minutes.

N° 109.

MÉLANGES.

tasse et demie de beurre, 2 tasses de sucre, 6 œufs, 1½ litre de farine, ½ tasse de fécule de maïs, 1 cuillère à café de levure chimique, 1 cuillère à café d'extrait de citron, ½ tasse de cacahuètes hachées mélangées avec ½ tasse de Sucre en poudre; battre le beurre et le sucre pour obtenir une consistance lisse; ajoutez les œufs battus, la farine, la fécule et la poudre tamisées ensemble, ainsi que l'extrait ; fariner la planche; étalez la pâte assez finement ; découper à l'emporte-pièce ; incorporer les cacahuètes hachées et le sucre; déposer sur un moule à pâtisserie graissé; cuire à four assez chaud 8 à 10 minutes.

N° 110.

GÂTEAU ÉPONGE BLANC.

Blancs de 8 œufs, 1 tasse de sucre, ½ tasse de farine, ½ de fécule de maïs, 1 cuillère à café de levure chimique, 1 cuillère à café d'extrait de rose ; tamiser ensemble la farine, la fécule de maïs, le sucre et la poudre ; ajoutez-le aux blancs d'œufs montés en mousse sèche, et l'extrait, mélangez doucement mais soigneusement ; cuire dans un moule à cake bien beurré, à four rapide 30 minutes.

N° 111.

MADELAINES.

Une tasse de beurre, 1 tasse de sucre, 3 œufs, 1½ tasse de farine, ½ cuillère à café de levure chimique, 1 verre de cognac, 1 cuillère à café d'extrait de cannelle, faire fondre légèrement le beurre dans un bol à gâteau ; ajoutez le sucre et les œufs; remuer quelques minutes; ajoutez la farine tamisée avec la poudre, l'extrait et l'eau-de-vie ; mélanger dans une pâte qui va presque couler; cuire au four dans des moules à muffins bien graissés à four modéré pendant 20 minutes; verser sur chacun un peu de glaçage transparent pour couvrir, et ajouter quelques confits colorés.

N° 112.

GÂTEAU DE LA REINE.

Deux tasses de beurre, 2½ tasses de sucre, 1½ pinte de farine, 8 œufs, ½ cuillère à café de levure chimique, 1 verre à vin de vin, de cognac et de crème, ½ cuillère à café d'extrait de muscade, de rose et de citron, 1 tasse de groseilles séchées lavées et cueillies, 1 tasse de raisins secs dénoyautés et coupés en deux ; 1 tasse de citron coupé en petites tranches fines ; frotter le beurre et le sucre pour obtenir une crème très légère ; ajouter les œufs, 2 à la fois, en battant 5 minutes entre chaque ajout; ajoutez la farine tamisée avec la poudre, les raisins secs, les groseilles, le vin, l'eau-de-vie, la crème, le citron et les extraits ; mélanger pour obtenir une pâte homogène et cuire délicatement dans un moule à gâteau tapissé à four modéré et régulier pendant 1h30.

N° 113.

GÂTEAUX À LA CRÈME.

Dix œufs, ½ tasse de beurre, ¾ livre de farine, 1 litre d'eau, 1½ litre de lait, 3 grosses cuillères à soupe de fécule de maïs, 2 tasses de sucre, des jaunes de 5 œufs, 1 grosse cuillère à soupe de bon beurre et 2 cuillères à café de l'extrait de vanille ; mettre l'eau sur le feu dans une casserole avec le beurre ; dès l'ébullition incorporer la farine tamisée avec une cuillère en bois ; remuez vigoureusement jusqu'à ce qu'il quitte le fond et les côtés de la casserole une fois retiré du feu, et incorporez les œufs un à la fois ; placez cette pâte dans un sac en toile pointu comportant un embout au petit bout ; étaler la pâte en forme de doigts sur un moule graissé légèrement espacés ; cuire au four à briques pendant 20 minutes; une fois froid, coupez les côtés et remplissez de crème pâtissière.

N° 114.

CRÈME PÂTISSIÈRE.

Portez à ébullition le lait avec le sucre ; ajouter la fécule dissoute dans un peu d'eau ; dès qu'il rebouillit, retirez-le du feu ; incorporer les jaunes d'œufs; remettre au feu 2 minutes pour faire prendre les œufs ; ajouter l'extrait et le beurre; à froid, utilisez-le.

N° 115.

CRÈME AU CHOCOLAT.

Mettez sur le feu 1 branchie d'eau, 1½ tasse de sucre, ½ tasse de chocolat râpé, dans une petite casserole ; faire bouillir jusqu'à ce qu'il devienne épais et velouté ; puis ôtez du feu, et ajoutez les blancs de 2 œufs, sans battre :

utilisez-le chaud en recouvrant le dessus et les côtés du gâteau. En refroidissant, il se raffermit.

N° 116.

GÂTEAU ÉPONGE, N° 2.

Six œufs, 3 tasses de sucre, 4 tasses de farine, 2 cuillères à café de levure chimique, 1 tasse d'eau froide, une pincée de sel, 1 cuillère à café d'extrait de citron. Battez les œufs et le sucre ensemble 5 minutes; ajouter la farine tamisée avec le sel et la poudre, l'eau et l'extrait ; cuire au four dans un moule à gâteau carré peu profond, à four rapide et régulier, 35 minutes ; à la sortie du four, glacez-le avec un glaçage transparent composé de 1 tasse de sucre, 1 cuillère à soupe de jus de citron et les blancs de 2 œufs ; mélanger, lisser et verser sur le gâteau. Si le gâteau n'est pas assez chaud pour le sécher, placez-le dans la bouche d'un four moyennement chaud.

N° 117.

GÂTEAU AUX ÉPICES.

Une tasse de beurre, 2 tasses de sucre, 3 tasses de farine, 1 cuillère à café de levure chimique, 2 œufs, 1 tasse de lait, ½ tasse de chacun de raisins secs dénoyautés, groseilles lavées et cueillies ; 1 cuillère à café d'extrait de muscade, de clou de girofle et de cannelle. Frottez le beurre et le sucre pour obtenir une crème blanche légère ; ajouter les œufs, un à la fois, en battant quelques minutes entre chacun; ajoutez la farine tamisée avec la poudre, le lait, les fruits et les extraits ; mélanger pour obtenir une pâte lisse et plutôt ferme; mettre dans un moule à cake tapissé de papier et cuire à four régulier 30 minutes.

N° 118.

GÂTEAU ÉCOSSAIS.

tasse et demie de beurre, 2½ tasses de sucre, 8 œufs, 1½ litre de farine, ½ cuillère à café de levure chimique, 3 tasses de raisins secs dénoyautés, 1 cuillère à soupe d'extrait de citron. Frottez le beurre et le sucre pour obtenir une crème blanche légère ; ajouter les œufs, 2 à la fois, en battant 5 minutes entre chaque ajout; ajouter la farine tamisée avec la poudre, les raisins secs et l'extrait ; mélanger pour obtenir une pâte lisse et homogène; mettre dans un moule à gâteau carré peu profond tapissé de papier et cuire à four modéré 1 heure.

N° 119.

GÂTEAU SHREWSBURY.

Une tasse de beurre, 3 tasses de sucre, 1½ litre de farine, 3 œufs, 1 cuillère à café de levure chimique, 1 tasse de lait. Frottez le beurre et le sucre pour obtenir une crème blanche et onctueuse, ajoutez les œufs, un à la fois, en battant 5 minutes entre chacun; ajouter la farine tamisée, la poudre et l'extrait ; mélanger dans une pâte moyenne, cuire au four dans un moule à cake bien graissé et soigneusement beurré, à four rapide pendant 40 minutes.

N° 120.

GÂTEAU À LA VANILLE.

Une tasse et demie de beurre, 2 tasses de sucre, 6 jaunes d'œufs, 1 litre de farine, 1½ cuillère à café de levure chimique, 1 tasse de crème, 1 cuillère à soupe d'extrait de vanille. Frotter le beurre et le sucre jusqu'à obtenir une crème très légère ; ajouter les jaunes d'œufs et la crème, la farine tamisée, la poudre et l'extrait ; mélanger pour obtenir une pâte ferme mais lisse; cuire au four dans un moule carré peu profond dans un four assez chaud, 35 minutes.

N° 121.

GÂTEAU AU VIN.

tasse et demie de beurre, 2 tasses de sucre, 2 tasses de farine, ½ cuillère à café de levure chimique, 1 branchie de vin, 3 œufs. Frottez le beurre et le sucre pour obtenir une crème légère; ajouter les œufs, un à la fois, en battant 5 minutes entre chacun; ajoutez la farine tamisée, la poudre et le vin ; mélanger à une pâte moyennement ferme; cuire au four dans un moule à gâteau carré peu profond à four modéré pendant 40 minutes; à la sortie du four, glacer soigneusement avec le glaçage transparent.

N° 122.

GÂTEAU DÉLICAT.

tasse et demie de beurre, 1½ tasse de sucre, des blancs de cinq œufs, 2½ pintes de farine, 1½ cuillère à café de levure chimique, 1 tasse de lait, 1 cuillère à café d'extrait de pêche. Frottez le beurre et le sucre pour obtenir une crème légère; ajouter les blancs d'œufs, un à la fois, en battant quelques minutes entre chacun; ajouter la farine tamisée avec la poudre, puis l'extrait et le lait ; mélanger dans une pâte assez fine; verser dans un moule recouvert de papier et cuire à four plutôt chaud mais stable 50 minutes.

N° 123.

GÂTEAU DUCHESSE.

Une tasse et demie de beurre, 1 tasse de sucre, 6 œufs, 1 cuillère à café de levure chimique, 1 litre de farine, 1 cuillère à café d'extrait de cannelle. Frottez le beurre et le sucre pour obtenir une crème légère, ajoutez les œufs, 2 à 2 en battant 10 minutes entre chaque ajout. Tamisez ensemble la farine et la poudre, ajoutez-les au beurre, etc., avec les extraits ; mélanger dans une pâte moyennement épaisse et cuire au four dans de petits moules carrés peu profonds, recouverts de papier blanc fin, à four régulier pendant 30 minutes. À la sortie du four, glacez-les.

N° 124.

TARTES HACHES.

Viande hachée : deux livres de viande, 1 livre de raisins secs, 1 livre de groseilles, ½ livre de citron, 1 livre de pommes hachées, 1 livre de suif. Hachez le tout finement, sauf la moitié des groseilles et des raisins secs. Mettez 1 bâton de gingembre ou de cerises confites, ½ pinte de brandy, ½ pinte de vin, de la muscade, du piment de la Jamaïque moulu, de la cannelle moulue, du macis au goût, du sucre et ½ pinte de cidre. Préparez une pâte à tarte ou une pâte feuilletée.

N° 125.

CHARLOTTE RUSSE.

Moule à charlotte d'un litre , doigts de dame de ¼ de livre ; tapissez -en le moule ; laissez le moule sécher. Un litre de crème sucrée au goût, aromatisée à l'ananas, au citron ou autre, ¼ de boîte de gélatine dissoute dans un peu de crème, crème fouettée jusqu'à obtenir une mousse légère et ferme. Posez une casserole supplémentaire sur la glace et mettez-y toute la chantilly, puis incorporez la gélatine . Mettez-le dans le moule , couvrez le dessus avec des boudoirs et laissez refroidir sur la glace.

N° 126.

GAUFRES.

Une pinte de farine, ½ gâteau à la levure ; préparez une pâte toute la nuit avec du lait tiède et laissez-la lever. Le matin, battez légèrement 3 œufs, 1 cuillère à soupe de sucre, de la muscade au goût, 1 cuillère à soupe de beurre fondu. Remuer et laisser lever jusqu'au moment de la cuisson. Cuire dans des moules , tamiser un peu de sucre en poudre dessus et servir à table.

N° 127.

BISCUITS.

Un litre de farine, 1 cuillère à soupe de levure en poudre, 1 cuillère à soupe de beurre ou de saindoux. Mélanger le tout avec du lait; ajoutez 1½ cuillère à café de sel. Préparez vos biscuits rapidement et faites-les cuire à four chaud.

N° 128.

PAIN DE MAÏS.

Un repas d'une pinte, ½ pinte d'eau chaude, ½ pinte de lait, mélangé ; 1 cuillère à soupe de beurre, jaunes de 3 œufs, 1 cuillère à café de levure en poudre. Mélangez le tout pour obtenir une pâte ferme. Au moment de cuire, battez les blancs d'œufs en neige ferme, mettez-les dedans et placez-les dans un moule à four chaud.

N° 129.

PAIN ÉPONGE.

Prenez 2 pommes de terre irlandaises, faites-les bouillir, écrasez-les finement, mettez-y 2 cuillères à soupe de farine, versez l'eau dans laquelle les pommes de terre ont été bouillies, versez la levure et laissez lever. Préparez votre pain toute la nuit , soit du pain léger, soit des petits pains. Votre four doit cuire de manière uniforme et régulière, sinon votre pain ne sera pas léger.

N° 130.

TARTE À LA PATATE DOUCE.

Faire bouillir 1 grosse patate douce pour 2 tartes ; écraser au tamis, 3 œufs dont il faut battre les jaunes avec la pomme de terre, du sucre au goût, un peu de zeste de citron râpé, un peu de muscade et de cannelle ; râper le tout ensemble ; 1 tasse à thé de lait, 1 cuillère à soupe de beurre fondu ; au moment de faire les tartes, battre le blanc jusqu'à obtenir une mousse ferme et incorporer. Réaliser la pâte comme indiqué dans les vol-au-vents.

N° 131.

COMMENT FAIRE DU BON PAIN.

Tamisez votre farine dans votre mixeur, en la réchauffant un peu par temps froid, et faites un trou au centre, et dans ce trou versez votre biscuit et remuez le tout jusqu'à obtenir la consistance d'un gâteau, puis laissez reposer dans un endroit tiède. placer jusqu'à ce qu'il monte et devienne très léger ; puis pétrissez-le soigneusement de tous les côtés, en ajoutant de la farine au besoin, et lorsqu'il ne colle pas à vos doigts ou aux parois de la poêle, mettez-le de côté jusqu'à ce qu'il remonte ; puis faites-en cinq ou six pains, mettez-les dans vos moules et placez-les dans un endroit chaud jusqu'à ce qu'ils lèvent bien, puis mettez-les au four et faites-les cuire. Un peu d'expérimentation fera bientôt de vous un boulanger efficace.

N° 132.

PAIN LÉGER.

Trois pintes de farine, un demi-gâteau de levure dissous dans de l'eau tiède, une cuillère à soupe de sel, de saindoux et de sucre blanc, 1½ pinte d'eau de pomme de terre (chaude), travaillez dur et laissez lever toute la nuit. Le matin mouler et laisser lever à nouveau une demi-heure avant d'enfourner ; si elle est trop ferme, ajoutez un peu d'eau tiède, car il est préférable qu'elle soit plutôt molle. Il lèvera plus tôt et se conservera frais plus longtemps. Tamisez toujours votre farine avant de l'utiliser, en la réchauffant un peu par temps froid ; le tamisage deux fois permet d'obtenir plus d'air entre les particules. Ne laissez pas le four trop chaud.

N° 133.

COMMENT FAIRE UNE BONNE LEVURE.

Prenez 6 grosses pommes de terre saines, 1 gallon d'eau et 2 poignées ordinaires de houblon ; mettez les pommes de terre, après les avoir pelées, dans l'eau, attachez le houblon dans un sac et faites bouillir le tout jusqu'à ce que les pommes de terre soient suffisamment tendres pour pouvoir être facilement écrasées ; jetez le houblon, mettez une tasse de farine dans un grand plat, sortez les pommes de terre de l'eau, écrasez-les dans une passoire et mélangez-les bien avec la farine ; puis versez dessus l'eau utilisée pour faire bouillir les pommes de terre et mélangez soigneusement le tout ; laissez le mélange reposer jusqu'à ce qu'il soit tiède , puis ajoutez environ un centime de levure de boulanger ou un gâteau à la levure, ou une tasse de levure sèche, et après avoir remué de nouveau, laissez le tout passer la nuit ; le matin, ajoutez une demi-tasse de sucre, une demi-tasse de sel et une petite cuillère à soupe de gingembre ; mettez le tout dans un pichet de deux gallons et utilisez une tasse de cette levure pour cuire cinq ou six pains de taille ordinaire. Lorsque vous préparez votre prochain lot de levure, utilisez une tasse de cette levure au lieu de la levure de boulanger ou autre mentionnée ci-dessus.

N° 134.

GELÉE DE PIEDS DE VEAU.

Procurez-vous 4 pieds de veau chez le boucher, coupez-les en deux, enlevez le gras entre les pinces, lavez-les bien à l'eau tiède ; mettez-les dans une grande casserole et couvrez-les d'eau. Quand la liqueur bout, écumer bien et laisser bouillir doucement 6 ou 7 heures, de manière à réduire la quantité à 2 litres ; puis passez au tamis et écumez toute la substance huileuse. Si l'on n'est pas pressé, mieux vaut faire bouillir les pieds de veau la veille de la préparation de la gelée, car elle écumera mieux une fois parfaitement froide et la partie liqueur deviendra ferme. Mettez la liqueur dans une casserole pour faire fondre, avec un morceau de sucre, le zeste de 2 citrons, le jus de 6, et 6 blancs et coquilles d'œufs ; battre ensemble, avec une bouteille de sherry ou de Madère. Remuez le tout jusqu'à ébullition, puis mettez sur le côté du feu, laissez mijoter ¼ d'heure et filtrez dans un sac à gelée. Ensuite, remettez-le dans le sac et filtrez jusqu'à ce qu'il soit aussi brillant et clair que de l'eau de roche. Mettez la gelée dans des moules pour qu'elle soit ferme et froide. Si préparé par temps chaud, de la glace est nécessaire.

N° 135.

GLACE AU POULET.

Désossez un poulet, farcissez-le de truffes, de champignons, de léger, ¼ livre de jambon, ½ livre de veau, un peu de marjolaine douce et de thym, et un tout petit oignon. Prenez la viande et la moitié des champignons et hachez-les finement, et l'autre moitié coupée en tranches, et les truffes doivent également être pelées et coupées en tranches. Laissez les truffes être dans une boîte d'un quart de taille. Mélangez le tout, assaisonnez de poivre et de sel, puis farcissez-le dans le poulet. Mettez-le dans un sac bien fermé et laissez bouillir 2 heures. Maintenant, prenez la carcasse et les abats et faites-les bouillir pour en faire un bouillon. Faites environ 3 pintes. Écumez toute la graisse du dessus, retirez-la du feu et laissez-la refroidir. Prenez un paquet de gélatine et mettez-le dans la soupe ; après l'avoir fondu, clarifiez-le avec le blanc d'un œuf. Assaisonner avec du poivre, du sel et un peu de muscade. Laissez bouillir dix minutes, filtrez dans un sac en flanelle et laissez refroidir. Prenez le poulet, exercez une forte pression dessus et laissez-le refroidir. Prenez un moule à gelée et tapissez-le d'œuf dur, de champignons et de truffes, coupés en étoiles et en fleurs ; puis une couche de gelée, puis une couche de tranches de poulet, jusqu'à ce que le moule soit plein. Mettre au réfrigérateur pour avoir froid. Garnir le plat au moment de servir avec du cresson ou du persil.

N° 136.

CHAUDRÉE DE PALOURDES.

Trois pintes de palourdes ; ébouillantez-les et arrachez les cœurs ; 1 litre de tomates, faites-les bouillir et passez-les au tamis en y mettant une cuillère à soupe de sucre ; à soupe d'oignon finement haché et une cuillère à café de thym, une petite branche de céleri finement hachée, ¼ de livre de beurre et 2 deux cuillères à soupe de farine, mélangées dans une casserole ; celui-ci doit être placé avec la liqueur des palourdes, du thym, du céleri, des oignons, des tomates et ½ pinte de crème. Laissez le tout bouillir ensemble ; assaisonner avec du poivre et du sel, du macis et de la muscade au goût. Juste avant de servir, mettez les palourdes. Laissez bouillir une fois.

N° 137.

GELÉE DE CASSIS.

Un morceau de groseilles, mis dans une bouilloire, écrasé ; laissez bouillir dix minutes ; filtrer quelques-uns à la fois à travers un chiffon jusqu'à ce que tout le jus soit sorti ; 1 pinte de jus pour 1 livre de sucre ; mettez dans la marmite, notez l'heure à laquelle elle bout; laisser bouillir 20 minutes en écumant tout le temps ; mettre dans des verres et placer au soleil brûlant, à découvert, pendant trois jours, puis recouvrir de morceaux de papier imbibés d'eau-de-vie. Ranger dans un endroit sec.

N° 138.

PÊCHES AU VINAIGRE.

Un bec de pêches de bruyère (pierres adhésives) pelées pendant la nuit ; saupoudrez-les de 1 livre de sucre; le matin égouttez, mettez ½ litre de vinaigre de cidre, laissez bouillir le vinaigre et le jus ensemble, en y mettant quelques pêches à la fois, en les laissant bouillir juste assez pour pouvoir enfoncer une paille dans les pêches (15 minutes), placez vos bocaux dans de l'eau chaude sur la cuisinière ; mettez vos pêches au fur et à mesure ; lorsque les bocaux sont pleins, versez le sirop dessus, puis fermez-les sur le feu ; laissez rester 15 minutes.

N° 139.

CHOW-CHOW DE TOMATE.

Cinquante concombres, 50 tomates vertes, 2 douzaines d'oignons blancs, coupez-les en tranches pendant une nuit , saupoudrez de sel ; le matin, placez-les dans une passoire et égouttez-les ; 1 pinte de vinaigre, ½ livre de cassonade, 1 cuillère à café de mélèze laricin, 1 cuillère à café de poivre noir, 1 cuillère à soupe de piment de la Jamaïque et de clou de girofle, ½ douzaine de feuilles de macis. Mettez le tout dans une casserole et laissez-les bouillir ; après ébullition, sortez-les et mettez-les dans un bocal bien fermé.

N° 140.

MANGUES.

Prenez une mangue, coupez-la, enlevez toutes les graines, mettez-la dans du sel et de l'eau pendant 5 jours, laissez-les rester 1 jour et nuit dans de l'eau claire, égouttez-les et farcissez-les avec ce qui suit : Hachez une tête de chou dure, du raifort , graines de moutarde, ail, quelques gousses ; et farcissez chacun d'eux, puis attachez le morceau retiré pour faire une ouverture pour retirer les graines. Faites bouillir suffisamment de vinaigre pour les couvrir, en mettant des clous de girofle et du piment de la Jamaïque dans le vinaigre ; versez-les dessus dans les bocaux ; continuez à faire bouillir le vinaigre en le versant sur les mangues pendant trois jours ; puis attachez-le pour l'utiliser.

N° 141.

TARTE À LA PATATE DOUCE.

Faire bouillir 2 patates douces de bonne taille, pesant environ une livre ; filtrer et écraser au tamis; Il faut y mettre 1 cuillère à soupe de beurre ; sucrer au goût; 1 litre de lait bouillant, 5 jaunes d'œufs, doivent être bien battus dans les pommes de terre ; incorporez le lait chaud dessus. Râpez-y un peu de zeste de citron; muscade au goût; ajoutez 1 cuillère à café d'essence de citron ; Battez les blancs d'oeufs dans les pommes de terre, faites une pâte feuilletée, étalez et réalisez des tartes sans dessus.

Les tartes à la crème peuvent être préparées de la même manière, en laissant de côté les pommes de terre.

Dans les tartes au citron, utilisez la même quantité d'ingrédients que ci-dessus, en utilisant 3 citrons.

N° 142.

TARTE À LA MERINGUE.

Une tasse de sucre, des jaunes de 3 œufs, 1½ tasse de lait, 2 cuillères à café de fécule de maïs, le jus et le zeste râpé d'1 citron. Battez légèrement les jaunes et ajoutez le sucre, frottez la fécule de maïs avec le lait, ajoutez-le, puis le citron et mélangez bien. Tapisser quelques moules d'une pâte riche, puis remplir de crème anglaise et cuire au four. Une fois terminé, prenez les blancs de 3 œufs et battez-les avec une cuillère à soupe de sucre jusqu'à obtenir une mousse ferme, qui s'étale sur le dessus et faites dorer au four.

N° 143.

PUDDING DE PATATE DOUCE.

Une demi-livre de beurre, ½ livre de sucre, 5 œufs, 2 cuillères à soupe d'eau-de-vie, autant d'eau de rose ; ajoutez 1 livre de patates douces bouillies et écrasées finement, avec une pincée de sel et un peu de lait pour la rendre moelleuse. Battre le beurre, les œufs et le sucre jusqu'à ce que le mélange soit léger, auquel ajouter les pommes de terre, une petite quantité à la fois ; fouetter les œufs jusqu'à ce qu'ils soient épais et incorporer progressivement; puis ajoutez le cognac et l'eau de rose. Mélangez bien le tout et réservez au frais pendant un moment . C'est suffisant pour 3 ou 4 puddings, de la taille d'une assiette creuse. Tapissez vos assiettes d'une belle pâte, remplissez et enfournez à four rapide. La muscade ou la cannelle peuvent remplacer l'eau de rose si vous le souhaitez.

N° 144.

PUDDING À LA NOIX DE COCO.

Une demi-livre de sucre, ½ livre de beurre, ½ livre de noix de coco râpée , les blancs de 6 œufs, 1 cuillère à soupe d'eau de rose, 2 cuillères à soupe d'eau-de-vie ; battre le sucre et le beurre en crème, fouetter les blancs d'œufs jusqu'à ce qu'ils soient fermes, qui battent dans le beurre et le sucre ; mélangez le tout et ajoutez peu à peu la noix, l'eau-de-vie et l'eau de rose ; ne le battez pas. Cela fera deux puddings de taille normale. Tapissez vos assiettes de pâte riche ; remplir et cuire à four rapide.

N° 145.

PUDDING PUFFÉ.

Mélangez 2 tasses de farine avec 2/3 de tasse de beurre et 2 tasses de sucre . Dissoudre 3 cuillères à café de bonne levure chimique dans 1 tasse de lait et 1 cuillère à café d'essence de citron et une demi-muscade. Prenez 4 œufs (gardez les blancs de 2 pour le glaçage) et battez bien les autres ; puis mélangez le tout et faites cuire à four rapide. Une fois terminé, glacez le dessus avec les blancs réservés, bien battus, avec un peu de sucre en poudre.

N° 146.

PÂTE SOUFFLÉE.

Prenez 1 livre de farine de la meilleure qualité, tamisée, 1 livre de beurre ou de saindoux bon, ferme et doux, ou des parties égales de chacun ; divisez le shortening en quatre ; prenez-en un quart, hachez-le finement et mélangez-le avec la farine avec un couteau, car la chaleur des mains ramollira le beurre ; puis avec un peu d'eau froide faire une pâte ferme ; fariner la planche, démouler la pâte, la fariner et la rouler finement ; puis coupez un autre quart du shortening en fines tranches, et déposez-le sur la pâte, draguez de farine, repliez les côtés pour former un carré ; puis roulez à nouveau et ajoutez un autre quart du shortening, et continuez ainsi jusqu'à ce que tout le shortening soit enroulé. Manipulez le moins possible. Une fois terminé, roulez environ un demi-pouce d'épaisseur, coupez en quartiers, placez sur une assiette et réservez dans un endroit frais pendant 2 heures. Prenez seulement ce que vous voulez pour une croûte, draguez la planche et étalez-la, en la rendant plus fine au milieu que sur les bords, qui doivent avoir un quart de pouce d'épaisseur ; graisser les moules, déposer la pâte en la pressant légèrement et couper le bord avec un couteau ; mettre la garniture, recouvrir d'une autre pâte comme avant, couper et décorer les bords, si désiré, et cuire à four rapide.

N° 147.

FILET DE POULETS.

Prenez les poitrines de 4 poulets (tendres). C'est suffisant pour douze personnes. Sortez 4 filets de chaque poulet; puis coupez-les en forme de sternum de poulet ; enlevez la peau, aplatissez-les avec un maillet ; beurrer une poêle; placez-les les uns à côté des autres ; puis versez ½ pinte de lait et ½ pinte de bouillon dessus ; mettez un poids dessus et laissez-les mijoter jusqu'à ce qu'ils soient tendres ; une fois cuits, coupez quelques champignons et truffes en tranches et déposez-en un de chaque, en formant une rangée, sur chaque poitrine ; Arrondissez-les sur un plat, puis prenez l'essence et mettez-y ½ litre de crème pour obtenir une sauce riche ; ¾ de pinte d'épinards ; enlevez toutes les tiges et faites bouillir les feuilles; sortez-les de l'eau chaude et mettez-les dans l'eau froide ; puis essorez-les et hachez-les très finement ; 1 cuillère à soupe de farine et de beurre et mélangez-les aux épinards hachés ; 1 tasse de bouillon est versée dessus et soigneusement mélangée ; poivre, sel, muscade râpée; puis mettez-le sur le feu en laissant mijoter lentement pendant 20 minutes ; faire bouillir trois œufs durs; coupé en tranches; mettre les épinards au centre du plat, le poulet autour ; verser la sauce tout autour ; mettre l'œuf tranché autour des épinards; Servir chaud.

N° 148.

TARTE DU JURY.

Faites cuire à la vapeur et faites bouillir quelques pommes de terre farineuses ; puis écrasez-les avec du beurre ou de la crème ; assaisonner au goût et déposer une couche au fond d'un plat à tarte; dessus, déposez une couche de viande froide finement hachée ou de tout type de poisson bien assaisonné ; puis une autre couche de pommes de terre et encore de viande hachée, en alternance, jusqu'à ce que le plat soit rempli ; lisser le dessus; saupoudrez-y de chapelure et faites cuire au four jusqu'à ce qu'il soit bien doré. Cela fera un joli petit plat. Des cornichons hachés peuvent être ajoutés. Si vous utilisez du poisson à la place de la viande, battez-le d'abord dans un œuf cru. Ce sera meilleur. Des épinards assaisonnés, des tomates et des pointes d'asperges peuvent être utilisés à la place de la viande, mais il devrait y avoir plus de pommes de terre que toute autre chose dans la tarte.

N° 149.

TARTE AUX POMMES DE TERRE.

Quatre grosses pommes de terre bouillies et écrasées avec du beurre et de la crème ; ½ livre de viande de boucher ; ¼ livre de jambon ou de bacon coupé en petits morceaux ou haché ; œufs durs; assaisonnez-le et recouvrez-le d'une croûte légère; cuire ¾ d'heure. Les pommes de terre non cuites peuvent être utilisées en tranches ; mettez-en d'abord une couche, puis une couche de viande ou de poisson ; ajouter le beurre et assaisonner avec de l'oignon, du ketchup ou des cornichons; verser sur deux œufs battus ; déposer sur la croûte supérieure; cuire 1 heure.

N° 150.

BISCUITS DE POMMES DE TERRE.

Épluchez et faites cuire à la vapeur 4 pommes de terre de bonne grosseur; écrasez-les et versez-les dans un mortier ; humidifier avec un peu d'œuf cru; puis ajoutez du sucre en pain pour les rendre sucrés ; battre les blancs de 4 œufs en neige et mélanger avec les pommes de terre ; ajoutez une cuillère à soupe d'eau de fleur d'oranger ; déposer sur du papier de manière à former des biscuits ronds ou oblongs ; cuire lentement jusqu'à obtenir une belle couleur; retirez le papier une fois terminé.

N° 151.

PUDDING AUX POMMES AU FOUR.

Mettez dans une poêle bien beurrée une couche de chapelure, puis une couche de pommes coupées en petits ; une pincée de groseilles d'épicier, un peu de cassonade ; répétez ce processus jusqu'à ce que la casserole soit pleine; puis versez sur le beurre fondu ; terminer en mettant de la chapelure dessus. Cuire 1 heure.

N° 152.

OMELETTE AUX POMMES.

Peler les pommes; retirer les noyaux ; coupez-les en fines tranches, trempez-les dans le cognac et saupoudrez-les de zeste de citron finement râpé ; mettre dans une poêle de saindoux bouillant; secouez quelques instants sur un feu vif, et reprenez-les ; battre quelques œufs; sucrer au goût; incorporer les fruits et faire revenir. Une fois cuite, doublez l' omelette , saupoudrez-la de sucre tamisé et, si possible, glacez-la.

N° 153.

TARTE AUX POMMES SUISSE.

Épluchez, épépinez et coupez quelques pommes en quartiers. Faites bouillir la peau et les noyaux avec quelques clous de girofle dans ½ litre d'eau et suffisamment de sucre pour le sucrer. Disposez les pommes dans un plat à tarte en mélangeant ¼ de livre de groseilles d'épicier lavées et séchées dans un torchon. Ajoutez à la liqueur un verre de vin rouge et les écorces râpées et le jus de deux citrons. Mettez le sur les pommes; trancher dans 2 onces de beurre; tapisser les bords et garnir de pâte à tarte légère; cuire 1 heure. Une fois terminé, tamisez le sucre en poudre sur la croûte.

N° 154.

PUDDING À LA MODE.

Prenez ½ douzaine de pommes de bonne taille ; peler, épépiner et couper en quartiers; faire bouillir dans très peu d'eau jusqu'à ce qu'elle soit tendre; écrasez-les en pulpe, avec le zeste râpé et le jus d'un citron ; battre les jaunes de 4 et les blancs de 2 œufs ; ajoutez 2 génoises imbibées de vin aux raisins, 6 onces de beurre juste fondu sur le feu ; mélanger le tout. Tapisser le plat à pudding d'une pâte à beurre légère. Enfourner 1 heure et démouler pour servir.

N° 155.

GÂTEAU AUX POMMES.

Prenez 1 livre de pommes en pulpe, 1 livre de farine, ½ livre de sucre, ½ livre de beurre fondu, de la cannelle en poudre, 6 œufs bien battus et égouttés, 2 onces de chips de citron confit et 4 cuillerées de levure de bière. Bien pétrir, laisser lever, mettre dans un moule et cuire au four rapide. Une fois le gâteau levé, ajoutez des groseilles si nécessaire.

N° 156.

PUDDING À LA MARINIÈRE.

Une demi-livre de farine et de suif de bœuf, ¼ de livre de groseilles et 4 œufs. Mélangez-le en pâte avec un peu d'eau et étalez-le à plat ; puis videz au milieu un petit pot de confiture de pommes ; attachez pour faire un pudding rond; attacher en tissu; faire bouillir 1 heure.

N° 157.

PUDDING DE POISSON.

Tapisser un petit plat d'une pâte fine mais riche et remplir de petits morceaux de poisson désossé, de feuilles de laurier meurtries, de persil haché, d'oignon, de poivre et de sauce de poisson. Mettez la croûte dessus, attachez un chiffon et faites bouillir selon la taille du pudding.

N° 158.

FARCE AUX POMMES.

Prenez une bonne demi-livre de pulpe de pommes acidulées, cuites au four ou ébouillantées ; ajoutez 2 onces de chapelure, un peu de sauge en poudre, de l'oignon et assaisonnez-le avec du poivre de Cayenne. C'est une excellente farce pour les oies rôties, les canards, le porc, etc.

N° 159.

CONFITURE DE POMMES.

Parer et épépiner 2 douzaines de pommes adultes; mettre dans une casserole avec suffisamment d'eau pour les couvrir ; faites bouillir jusqu'à obtenir une pulpe, écrasez-la avec une cuillère jusqu'à obtenir une consistance lisse, et dans chaque pinte de fruit, mettez une demi-livre de sucre blanc ; faire bouillir à nouveau 1 heure; écumer, si nécessaire. Une fois froid, mettre dans des bocaux.

N° 160.

DUMPLINGS AUX POMMES AU FOUR.

Faites une pâte riche avec du beurre et de la farine, épluchez quelques pommes, collez 3 ou 4 clous de girofle dans chacune et recouvrez entièrement les fruits de pâte. Si le four est trop chaud , ils brûleront à l'extérieur. Une fois terminé, tamisez le sucre blanc fin et servez chaud.

N° 161.

PUDDING DE POMMES DE TERRE.

Faire bouillir 1 livre de pommes de terre, les écraser pendant qu'elles sont chaudes, incorporer 3 onces de beurre frais, 2 onces de sucre en pain de mie, le zeste et le jus d'un demi-citron et un peu de crème ; beurrer un plat, y déposer le tout et enfourner 30 minutes à four moyennement chaud ; les jaunes de 4 œufs crus peuvent être ajoutés, et du brandy ou du Madère utilisé à la place du jus de citron, ou 1 livre de groseilles peut être ajouté. Ce pudding peut être bouilli ou cuit au four ; si bouilli, servir avec une sauce au vin, s'il est cuit, utiliser une fine pâte feuilletée pour tapisser et couvrir le plat.

N° 162.

PUDDING À LA FECULE DES POMMES DE TERRE.

Écrasez quelques feuilles de laurier et faites-les bouillir dans 1 litre d'eau ou de lait ; mélanger deux cuillerées à dessert de farine de pomme de terre et de sucre en poudre; une fois lisses, versez dessus le liquide chaud en remuant constamment. Mettre dans un plat beurré, enfourner un quart d'heure à four chaud ; une fois terminé, versez dessus une demi-pinte de crème. Si elle doit être consommée froide, verser de la crème fraîche avant de l'envoyer ; saupoudrer le dessus de sucre en pain de mie concassé.

N° 163.

POMMES DE TERRE DANS LES PUDDINGS ET TARTES À LA VIANDE.

Il a été constaté qu'il y avait une amélioration générale des puddings et des tartes à la viande lorsque des pommes de terre étaient utilisées avec eux. Ils semblent éliminer une grande partie de la richesse excessive et les rendre beaucoup plus savoureux.

N° 164.

POMMES DE TERRE FARCIES.

Lavez et épluchez cinq grosses pommes de terre, évider-les d'un bout à l'autre, remplissez cette ouverture de saucisson ou de farce, puis trempez les pommes de terre dans du beurre fondu et mettez-les dans un plat allant au four. Laissez-les cuire à four moyennement chaud environ 30 ou 40 minutes ; servir dès que c'est fait. Vous pouvez utiliser de la sauce avec eux si vous le souhaitez.

N° 165.

POMMES DE TERRE AU CURRY.

Curry les pommes de terre en les coupant en tranches, crues ou bouillies froides, et en les faisant frire dans du beurre ; mélanger la poudre de curry avec la sauce et les faire mijoter un peu. Des petits morceaux de jambon doivent être collés à la surface des pommes de terre lorsqu'elles sont disposées sur un plat. Du jus de citron ou des cornichons peuvent être ajoutés.

N° 166.

PATATES DOUCES CUITES OU RÔTIES.

Épluchez-les et mettez-les au rôtissoire sous la viande ou dans une lèchefrite, en les retournant de temps en temps pour qu'ils dorent uniformément. Mettez-les au four lorsque la viande est presque cuite, afin que les deux puissent être servies et prêtes en même temps.

N° 167.

SOUFFLE DE POMMES DE TERRE.

Une pinte de crème bouillie; mélangez 2 cuillères à soupe de fécule de pomme de terre avec les jaunes de 4 œufs, ajoutez 1 once de beurre, 2 onces de sucre en poudre, le zeste de citron ; verser la crème sur le tout. Mettez une cocotte sur le feu; continuez à remuer et retirez-le au moment où il bout. Laissez refroidir, puis mélangez-y 6 jaunes d'œufs ; battre 6 blancs en neige, les incorporer légèrement, les déposer sur un plat et mettre au four jusqu'à ce qu'ils soient bien levés. Servir dans le même plat ; peut être aromatisé au chocolat.

N° 168.

POMMES DE TERRE ET REINS.

Prenez un rognon de mouton ou un morceau de foie de veau de même grosseur, hachez-le et assaisonnez avec du sel, des épices et quelques herbes hachées ; ajoutez 2 onces de beurre frais en petits morceaux, hachez 4 pommes de terre de bonne taille (crues), lavées et pelées, et mélangez avec la viande. Mettez le tout dans un plat allant au four, tamisez la chapelure dessus, enfournez ¾ d'heure à four doux. Servir sur le même plat. Un peu d'oignon peut être ajouté.

N° 169.

Galettes de pommes de terre.

Beurrer les moules, saupoudrer l'intérieur de chapelure et garnir de belle purée de pommes de terre parfumée au ketchup de champignons, de zeste de citron râpé, d'herbes salées hachées ; ajoutez de l'huile d'olive ou du beurre frais, tamisez davantage de chapelure; mettre au four jusqu'à ce qu'il soit doré, sortir des moules et servir. Une pâte feuilletée très fine peut recouvrir les moules au lieu de la chapelure.

N° 170.

JAMBON ENTIER.

Prenez un jambon, coupez-le à l'intérieur et non à travers la peau, car il ne faut pas la casser ; mais coupez-le du côté qui va à côté du plat. Retirez tous les os. Une boîte de champignons, une demi-boîte de truffes, 1 petite gousse d'ail, 2 branches de céleri, une cuillère à café de thym ; hachez tout cela, pas très fin, et mettez cette farce là où l'os a été retiré ; cousez le jambon et mettez-le dans un sac fermé pour qu'il garde sa forme. Mettez dans la marmite 1 douzaine de clous de girofle et laissez bouillir doucement le jambon 3 heures ; une fois terminé, mettre dans une casserole fermée pour presser jusqu'à ce qu'il soit très froid. Enlevez la peau ; 1½ litre d'eau de jambon, 1½ litre de bouillon de soupe, 1 boîte de gélatine dissoute dans une tasse d'eau froide ; rassemblez le tout, ajoutez du poivre et du sel, battez les blancs et les coquilles de 2 œufs et mettez le bouillon et l'eau du jambon pour le clarifier. Mettez le tout sur le feu et remuez jusqu'à ébullition ; ne laissez pas de graisse s'y déposer ; écumer bien; passer la gelée dans un sac en flanelle après 10 minutes d'ébullition. Si vous n'avez pas de moule à jambon , prenez un peu de gelée coupée en forme de losange et disposez-la autour du plat, et le reste coupez finement et mettez partout sur le jambon. Garnissez votre plat de carottes, de betteraves coupées en fleurs, de persil, un peu ici et là de chaque côté du jambon.

N° 171.

POULET ENTIER EN GLACE.

Retirez tous les os d'un poulet de taille moyenne; ¼ livre de jambon, ½ livre de veau, ½ boîte de champignons, ¼ boîte de truffes, un petit morceau d'oignon, un peu de thym et de persil. Hachez très finement la viande, le persil, le thym, le céleri. Coupez les champignons en tranches; épluchez les truffes, coupez-les et mettez-les dans la viande hachée ; poivre et sel au goût. Là où les os ont été retirés, bourrez-vous étroitement de cette farce ; poivre et sel au goût. Attachez-le fermement dans un sac. Une fois terminé, appuyez dessus toute la nuit sous une presse lourde. Le lendemain matin, sortez-le ; coupez chaque extrémité et mettez-la dans un moule à melon ou à charlotte . Maintenant, prenez 3 litres d'eau de poulet, écumez toute la graisse, mettez-y du sel, du poivre et de la muscade. Faire fondre 1 boîte de gélatine dans de l'eau froide ; prendre 2 blancs d'oeufs avec leurs coquilles et mettre le tout dans l'eau de poule. Mettez le feu; remuer; laissez bouillir 10 minutes. Filtrer dans un sac en flanelle. Laissez-le devenir presque froid, suffisamment pour être trempé avec une cuillère. Faire bouillir 2 œufs durs; coupez les œufs en 6 tranches; 1 brin de persil au centre de l'œuf et disposer sur les 4 côtés du poulet avec le persil retourné. Versez la gelée dessus; mettre au congélateur pour qu'il refroidisse. Démoulez-le et garnissez le plat de cresson ou de céleri frisé. Le canard glacé peut être présenté de la même manière.

<h2 align="center">N° 172.</h2>

<h2 align="center">CRABES DIABLES.</h2>

Prenez 1½ douzaine de crabes ; faites-les bouillir; retirez-les soigneusement de leur coquille; prenez ½ douzaine de craquelins; 1 litre de lait est versé sur les craquelins, finement écrasés. Passer les crackers au tamis fin. Battez 3 œufs légèrement et mettez dans les craquelins égouttés du sel et du poivre de Cayenne (fort); muscade au goût. Maintenant, mettez la chair de crabe dedans. Lavez les coquilles de crabe et essuyez-les parfaitement. Une douzaine et demie fera 1 douzaine de crabes. Faire dorer jusqu'à une belle teinte 2 crackers. Écrasez-les bien et passez-les au tamis. Mettez une cuillère à soupe de vin dans la chair de crabe. Remplissez les coquilles; sur chaque crabe, tamisez un peu de cette poussière brune de craquelins. Dix minutes avant l'heure de servir, mettre au four rapide. Posez une serviette sur votre plat ; posez-les sur la serviette et disposez du persil autour. Servir parfaitement chaud.

<h2 align="center">N° 173.</h2>

<h2 align="center">LANGUE DE BŒUF GLACÉE.</h2>

Mettez la langue à tremper toute la nuit . Faire bouillir régulièrement pendant 2h30. Sortez-le du pot et enlevez-le avant qu'il ne refroidisse. Puis laissez-le refroidir. Épluchez-le et coupez-le en tranches. Préparez la gelée comme indiqué pour faire de la gelée de poulet. Laissez-le refroidir suffisamment pour fonctionner. Prenez 2 moules à gelée ; déposer une couche de gelée juste assez ferme au fond des moules ; puis une couche de langue ; puis une couche de gelée et continuer jusqu'à ce que les moules soient pleins. Cette quantité remplira les deux moules . Mettez de la glace et laissez refroidir. Ceci est servi avec une salade avec une vinaigrette mayonnaise.

<h2 align="center">N° 174.</h2>

<h2 align="center">HUÎTRES MARINÉES.</h2>

Prenez 50 grosses huîtres, ½ pinte de liqueur, ½ pinte de vinaigre, 1 cuillère à soupe de piment de la Jamaïque et de clous de girofle mélangés, ½ douzaine de feuilles de macis, sel au goût, poivre de Cayenne. Mettez la liqueur et le vinaigre sur le feu. Dès que cela bout, déposez-y quelques huîtres à la fois et laissez-les rester juste le temps de s'enrouler, pas plus de deux minutes. Mettez les huîtres, aussitôt sorties, dans un bocal. Quand tous ont été retirés, versez la liqueur dessus et couvrez bien.

N° 175.

CORINCH DE CHOU ROUGE.

Coupez le chou en tranches, saupoudrez-le de sel, pendant 3 jours placez-le au soleil ou dans un endroit chaud ; ½ pinte de vinaigre et ½ gallon d'eau mis à ébullition ensemble ; versez-le sur le chou et laissez-le tremper pendant 1 journée. Lorsqu'il est croustillant et qu'il n'y a plus de sel, prenez 2 cuillères à soupe de graines de moutarde et de céleri, du raifort râpé, 1 cuillère à soupe de cassonade, du poivre et du sel au goût, 1 litre de vinaigre, une cuillère à café de mélèze laricin, 3 petits oignons blancs coupés finement. . Mélangez le tout et mettez dans une casserole puis versez le vinaigre bouillant, le sucre et le mélèze laricin sur le chou. Ensuite, fixez-le hermétiquement dans des bocaux et dans quelques semaines , il sera prêt à l'emploi.

N° 176.

MARMELADE DE PÊCHES.

Prenez des pêches molles. Une demi-livre de pêches pour ½ livre de sucre. Épluchez les pêches toute la nuit et saupoudrez-les de sucre. Les pêches ne doivent pas être collantes. Le lendemain matin, versez tout le jus et mettez le jus dans une bouilloire et laissez-le chauffer, puis mettez les pêches, la muscade, les clous de girofle et le piment de la Jamaïque au goût. Quand ça bout, remuez et écrasez-les bien. Laisser bouillir doucement pendant 1h30. Lorsqu'elle est suffisamment épaisse, mettez-la dans des pots sans les couvrir jusqu'au lendemain. Mettez un peu de cognac dessus et fermez hermétiquement.

N° 177.

CONSERVES DE COINGS.

Un bec de coings ; épluchez-les, épépinez-les et pesez-les. Il faudra juste quelques kilos de sucre. Mettez les épluchures des coings et laissez-les bouillir parfaitement cuits. Mettez ensuite les conserves et le zeste de 4 citrons. Laisser bouillir le tout ¼ d'heure, jusqu'à ce qu'il soit suffisamment tendre pour permettre à une paille de passer en partie à travers. Une demi-pinte d'eau (assez propre et claire) pour 1 livre de sucre ; faites un sirop et laissez-le commencer à bouillir ; écumer puis mettre les fruits. Laissez bouillir les fruits ½ heure exactement ; puis sortez les fruits et déposez-les sur un plat. Laissez votre sirop bouillir régulièrement ¾ d'heure de plus. Mettez vos bocaux dans l'eau chaude sur la cuisinière. Mettez-y les fruits sans sirop.

Versez ensuite le sirop et fermez bien les bocaux tout en restant dans l'eau bouillante. Laissez-les reposer dans ¼ d'heure.

N° 178.

BOEUF À LA MODE.

Prenez 10 livres de bœuf, attachez-le parfaitement en rond avec des ficelles et des brochettes ; prenez une cuillère à soupe de beurre et mettez-la dans une casserole assez grande pour contenir le bœuf, mettez-y la viande et laissez-la brunir légèrement ; 1 botte de carottes, ½ botte de thym ; coupez les carottes en gros quartiers; 3 navets coupés en 4 quartiers, 3 oignons épluchés et piqués pleins de clous de girofle, ½ bouquet chacun de persil et de feuilles de céleri ; couvrir la viande dans la marmite avec de l'eau et y mettre tous les légumes ; laissez-les bouillir doucement 1 heure avec du sel et du poivre ; rendre la liqueur aussi épaisse qu'une sauce, puis laisser bouillir 1h30 de plus ; mettre deux cornichons de taille moyenne coupés en quatre quarts; avant de servir, mettez un verre de vin dans le vin; au moment de passer à table, mettez les légumes tout autour du plat, et faites monter la sauce dans une saucière ; si la viande doit être dure, laissez-la bouillir 1 heure de plus.

N° 179.

PORC D'OIE.

Prenez un jambon frais, entaillez bien la peau ; prenez l'intérieur d'une miche de pain, ½ boîte de champignons, 1 oignon, ½ botte de persil, pas tout à fait ½ botte de thym, près de ½ botte de sauge ; coupez très finement le persil et l'oignon, ainsi que les champignons ; frotter très finement le thym et la sauge; Il faut mettre 1 cuillère à soupe de beurre dans la chapelure et bien mélanger tout ce qui précède ; faites 5 ou 6 poches dans le jambon, farcissez-y bien cette vinaigrette, nouez une ficelle autour pour retenir la vinaigrette, mettez du poivre et du sel dessus et saupoudrez d'un peu de farine. Mettez le jambon dans une vinaigrette au four et faites cuire lentement pendant 4 heures. Assurez-vous de bien l'arroser et de bien le saupoudrer de farine jusqu'à ce qu'il soit cuit. Une fois terminé, retirez toute la graisse de la sauce qui, si elle n'est pas assez épaisse, doit être épaissie. Faire bouillir suffisamment de riz pour garnir le plat, en le faisant bouillir dans moitié lait et moitié eau ; une fois terminé, laissez refroidir, battez 2 œufs, du poivre et du sel, un peu d'eau de champignon, 1 cuillère à soupe de sucre ; mettez-les dans le riz, étalez-les en croquettes, mettez-les d'abord dans l'œuf battu puis dans la chapelure ; faire frire un brun clair. Préparez une compote de pommes et servez-la avec.

N° 180.

JEUNES POULETS GRILLÉS.

Prenez les poulets de printemps, habillez-les bien, fendez-les dans le dos, faites-les griller sans les brûler, arrosez-les de beurre et de crème, replacez-les sur la grille et laissez-les griller encore un peu, et l'essence qui reste de l'arrosage sera la sauce à mettre dessus. Assaisonnez avec du sel et du poivre. Une fois terminé, coupez en 4 parties; déposer dans un plat et garnir de persil. Servir avec une salade avec une vinaigrette mayonnaise.

N° 181.

CAILLES GRILLÉES.

Prenez des cailles et servez-les comme poulet printanier, utilisez uniquement de la gelée de groseilles avec la crème et le beurre. Servir comme ci-dessus.

N° 182.

FRICASSÉE LAPIN.

Nettoyer un lapin, coupé en 4, le poivrer, le saler et le fariner, faire revenir un lapin délicat, saupoudrer de farine dans une poêle ; coupez-y très finement 1 petit oignon et du persil, ½ pinte chacun de lait et de crème, et versez dans la poêle ; puis mettez le lapin dedans pour rester ¼ d'heure. Faites bouillir le riz et disposez-le autour du plat avec le lapin et la sauce au centre.

N° 183.

JAMBON DE PÂQUES.

Prenez un jambon fumé, faites-y des poches ; prenez ¼ de pousses de chou picorées, 1 botte de céleri, hachez-les finement. Épluchez le jambon et remplissez les poches avec ce qui précède, puis remettez la peau. Les poches ne doivent pas être coupées tant que la peau n'est pas enlevée, car elle doit rester entière. Attachez-le dans un sac qui s'adapte au jambon, laissez-le bouillir pendant 2h30 ; une fois terminé, sortez du sac, enlevez la peau, collez 2 douzaines de clous de girofle sur le dessus du jambon. Arroser d'un peu de sucre fondu et tamiser dessus un peu de chapelure fine ; mettre au four pour obtenir un brun clair. Servez-le avec des pousses de chou ou du chou-fleur.

N° 184.

Escalopes de cerf.

Donnez aux escalopes la forme d'un jambon ; faites-les griller sur une grille. Prenez 1 verre de gelée de groseilles, 1 cuillère à soupe de beurre, 1 verre de vin, sel et poivre au goût et préparez une sauce piquante. Faites chauffer le plat pour y déposer les escalopes et versez dessus la sauce. Servir chaud. Servir les pommes de terre Saratoga avec, en les plaçant au centre du plat.

N° 185.

GÂTEAU AUX NOIX D'HICKORY.

Mélangez 4 tasses de farine, 2 de sucre, 1 de beurre, 2 cuillères à café de crème tartare, le tout ensemble ; dissolvez 1 cuillère à café de carbonate de soude dans une tasse de lait et mélangez-la avec la première. Ajoutez 1 pinte de viande de noix.

N° 186.

LE PUDDING DE DELMONICO.

Un litre de lait avec ½ cuillère à café de sel ; mettez-le sur le feu et faites-le bouillir ; mélangez 3 cuillères à soupe de fécule de maïs avec un peu de lait froid et incorporez juste avant que le lait bout. Faire bouillir 5 minutes. Pour 6 cuillères à soupe de sucre, battre les jaunes de 3 œufs et ajouter l'extrait aromatique éventuel ; versez-y la fécule de maïs, bien chaude, puis montez les blancs de 3 œufs et déposez-le sur le pudding en forme de bisous, et faites dorer au four.

N° 187.

PUDDING AUX PRUNES DE NOËL.

Hachez finement ½ livre de suif de bœuf. Dénoyautez et hachez 1 livre de raisins secs; laver et cueillir 1 livre de groseilles. Faire tremper les miettes d'une petite miche de pain dans 1 litre de lait; quand il a pris tout le lait, ajoutez-y les raisins secs, les groseilles et le suif, 2 œufs bien battus, une cuillère à soupe de sucre, un verre de vin d'eau-de-vie, la râpe d'une noix de muscade et d'autres épices si vous le souhaitez. Faire bouillir 4 heures. Pour une sauce, battez ¼ livre de beurre en crème avec ½ livre de sucre en poudre et aromatisez avec du cognac.

N° 188.

PUDDING À L'ORANGE.

Faites la même chose que le pudding au citron, en utilisant de l'orange au lieu du citron.

N° 189.

SAUMON MARINÉ.

bouillir un saumon de 6 ou 7 livres ; mettez-le dans une jarre de terre, après avoir ôté tous les os sans le casser ; mettez du poivre et du sel dessus; 1 pinte de vinaigre, 1 cuillère à café de piment de la Jamaïque, 2 douzaines de grains de clous de girofle, ½ douzaine de grains de poivre noir, un peu de poivron rouge ; mettez le tout dans le vinaigre et laissez bouillir. Mettez également 3 feuilles de macis. Versez-le partout sur le saumon et couvrez bien. S'il est préparé le matin, il sera bon à manger le soir. L'esturgeon peut être préparé de la même manière.

N° 190.

PÊCHES AU BRANDI.

Prenez 9 livres de pêches de bruyère, 7 livres de sucre en pain, 1 litre de cognac blanc. Ayez une lessive forte, chaude, mais non bouillante, sur le feu. Jetez-y une demi-douzaine de pêches à la fois ; laissez-les rester 4 minutes; sortez-les à nouveau et mettez-les dans l'eau froide. Continuez ainsi jusqu'à ce que tout soit terminé. Ensuite, avec une serviette grossière, frottez-les jusqu'à ce qu'ils soient parfaitement lisses et mettez-les dans un autre récipient d'eau froide. Préparez un sirop de sucre avec 2 litres d'eau et ½ du blanc d'œuf. Écumez le sirop parfaitement clair. Sortez les pêches de l'eau, essuyez-les, mettez-les dans le sirop et faites-les bouillir jusqu'à ce qu'une paille les traverse, puis sortez-les pour qu'elles refroidissent. Faire bouillir le sirop ¼ d'heure; puis ajoutez le cognac chaud et mélangez bien. Après avoir placé vos pêches dans des bocaux en verre, versez dessus le sirop à chaud et à froid, collez dessus du papier pour les protéger. Sera utilisable dans 3 mois.

N° 191.

OEUFS FARCIS.

Coupez 10 œufs durs en deux dans le sens de la longueur, retirez les jaunes, pilez-les dans un mortier, ajoutez la chapelure imbibée de lait et ¼ de livre de beurre frais. Pilonnez tous ensemble ; ajoutez un peu d'oignon haché, du persil, du poivre concassé et de la muscade râpée ; mélangez-le avec les jaunes de deux œufs crus ; remplissez les blancs coupés en deux avec cette farce ; déposez le reste au fond du plat et disposez les œufs farcis autour. Mettre au four et bien dorer.

N° 192.

POTAGE AUX OEUFS.

Battez les jaunes de 10 œufs et la moitié de leur sauce riche. Une fois mousseux, démoulez-les sur une assiette et placez-les sur une casserole d'eau bouillante jusqu'à ce que les œufs soient bien pris et forment une crème. Coupez-le en lanières bien nettes, placez-les dans une soupière de consommé salé et servez aussitôt.

N° 193.

MOULES À L'étouffée.

Faites-les bouillir de la coquille; ôtez les barbes et mettez-les dans la marmite avec un peu de la liqueur dans laquelle elles ont été bouillies, égouttez-les dessus ; ajoutez un peu de crème ou de lait, un peu de beurre, du poivre et du sel ; saupoudrer de farine; remuer avec une cuillère; laissez mijoter 10 minutes. Servir chaud, avec des toasts.

N° 194.

HUÎTRES À LA POÊLE.

Prenez 50 grosses huîtres ; rincer et laisser égoutter; mettre dans une casserole avec ¼ livre de beurre, sel, poivre rouge et noir pour assaisonner. Mettez la casserole sur le feu en remuant pendant la cuisson. Lorsque les huîtres commencent à rétrécir, retirez du feu et servez aussitôt dans un plat couvert et bien chauffé.

N° 195.

Ragoût de palourdes.

Retirez 50 grosses palourdes de leur coquille ; mettez-les dans leur propre liqueur et eau à parts égales presque pour les couvrir ; mettez-les dans une cocotte à feu doux pendant ½ heure ; enlevez toute écume ; ajoutez une tasse de beurre dans lequel est travaillée 1 cuillère à soupe de farine et du poivre au goût. Couvrir la cocotte et laisser mijoter encore 15 minutes. Verser sur du pain grillé. Le lait peut être utilisé pour l'eau. Aura meilleur goût.

N° 196.

HUÎTRES GRILLÉES.

Retirez le plus gros ; posez-les sur une serviette pour les faire sécher ; puis trempez chacun dans de la farine ou de la poussière de craquelins, ou d'abord dans un œuf battu ; faites placer un gril de fil grossier sur un feu vif ; déposez-y des huîtres; lorsqu'un côté est terminé, retournez l'autre ; mettre le beurre sur une plaque chauffante ; saupoudrer d'un peu de poivre et déposer les huîtres dessus ; servir avec des craquelins.

N° 197.

CHAUDRÉE DE PALOURDES.

Beurrer une bassine et la tapisser de chapelure râpée ou de craquelins trempés ; saupoudrer de poivre, de morceaux de beurre et de persil finement haché ; mettre une double couche de palourdes; assaisonner avec du poivre et des morceaux de beurre; une autre couche de craquelins trempés ; retourner une assiette sur la bassine et enfourner à four chaud pendant ¾ d'heure ; utilisez ½ livre de biscuit soda et ¼ de livre de beurre pour 50 palourdes.

N° 198.

ALOSE GRILLÉE.

Divisez le poisson en deux; déposer sur une grille sur un feu chaud; griller doucement; mettez d'abord l'intérieur au feu ; préparez un plat contenant ¼ de livre de beurre doux; aussi, 1 cuillère à café de sel et de poivre chacun y a été travaillé ; quand le poisson est cuit des deux côtés, déposez-le sur un plat ; tournez-le souvent dans le beurre ; couvrir et placer le plat là où il sera chaud jusqu'à ce que vous le souhaitiez.

N° 199.

GÂTEAUX DE MORUE.

Faire bouillir la morue trempée; hachez-le bien; mettez-y une quantité égale de pommes de terre bouillies et écrasées ; humidifier avec des œufs battus ou du lait; un peu de beurre et un peu de poivre ; disposer sous forme de petits gâteaux ronds; fariner à l'extérieur et faire revenir dans du saindoux chaud jusqu'à ce qu'il soit doré ; que le saindoux soit bouillant quand on y met les gâteaux ; dorer les deux côtés.

N° 200.

CHAUDRÉE D'HUÎTRES.

Beurrer une bassine en fer blanc de deux litres; couvrir de craquelins trempés et de morceaux de beurre; mettre une double couche d'huîtres ; saupoudrer de poivre fin et de persil finement haché; puis mettez une couche de crackers trempés et de morceaux de beurre, comme auparavant ; puis une autre couche d'huîtres et d'assaisonnement, et enfin des craquelins et du beurre trempés et 1 pinte de liqueur d'huître et du lait ou de l'eau.

N° 201.

ALOSE AU FOUR.

Nettoyez l'alose; coupez la tête; divisez-le à mi-chemin dans le dos; gratter l'intérieur pour le nettoyer. Pour réaliser la farce, coupez 2 tranches de pain de boulanger ; tartiner chacun de beurre et saupoudrer de poivre et de sel, de sauge pilée; humidifiez-le avec de l'eau chaude; remplissez l'intérieur du poisson avec cela; attachez un cordon autour pour continuer à bourrer; draguer l'extérieur avec de la farine; collez des morceaux de beurre partout à l'extérieur; mélanger une cuillère à café de sel et de poivre sur la surface ; puis déposez le poisson sur un cercle à muffins dans une lèchefrite; mettre dans 1 pinte d'eau au goût; si celle-ci est épuisée pendant la cuisson, ajoutez plus d'eau chaude ; cuire 1 heure à four rapide; arroser souvent. Lorsque le poisson est cuit, il devrait y avoir ½ pinte de sauce dans la poêle ; sinon, ajoutez plus d'eau chaude ; draguer dans une cuillère à café pleine de farine avec un peu de beurre, un citron émincé finement ; remuez le tout, puis versez la saucière; déposer des tranches de citron sur le poisson et servir avec de la purée de pommes de terre.

N° 202.

SAUCE HOMARD.

Retirez la viande, faites bouillir la coquille, utilisez la liqueur pour faire la sauce avec le homard haché et la farine roulée beurrée. Les baies peuvent être utilisées telles quelles.

N° 203.

SAUCE AUX HUÎTRES.

Ouvrez les huîtres, filtrez la liqueur, mettez-la dans une casserole avec le beurre roulé dans la farine ; une fois fondu ajoutez les huîtres et un peu de crème. Dès que ça bout, ajoutez le jus de citron ; du macis battu et du poivre blanc peuvent être utilisés.

N° 204.

PALOURDES MOLLES FRITES.

Retirez-les de la coquille, lavez-les abondamment à l'eau, posez-les sur une serviette pour les faire sécher. Rouler très épais dans la farine; ayez une poêle remplie au tiers de saindoux chaud, une cuillerée de sel pour 1 livre de saindoux ; déposer les palourdes une à une à la fourchette; posez-les rapprochés et faites-les frire doucement jusqu'à ce qu'ils soient dorés d'un côté, puis retournez-les et laissez dorer l'autre côté. Placer dans un plat chaud prêt à servir.

N° 205.

CRABES HABILLÉS À FROID.

Retirez toute la chair, mélangez-la avec de l'huile, du vinaigre, du poivre de Cayenne et quelques jaunes d' œufs durs ; mettez le tout dans la coquille, puis sur un plat avec des herbes fraîches et de la laitue autour, du cresson frais fera l'affaire pour décorer.

N° 206.

SALADE DE HOMARD.

Retirez toute la chair du homard en prenant soin du corail s'il y en a ; coupez la viande pas très petite, mettez-la dans un saladier, ajoutez les anchois, quelques olives, les cornichons hachés, les œufs durs coupés en quartiers, la laitue déchirée mais non coupée ; juste avant de servir, verser sur la vinaigrette; ragoût de corail dessus; du concombre tranché et un oignon peuvent être ajoutés.

La vinaigrette est préparée de cette manière : battez bien les jaunes de deux œufs frais et incorporez une demi-cuillère à café de sel, 4 cuillères à café de moutarde mélangée, une pincée de poivre de Cayenne ; ajoutez l'huile d'olive petit à petit, en remuant tout le temps avec une fourchette en argent jusqu'à ce qu'elle devienne ferme et feuilletée - cela nécessite une demi-pinte d'huile - ajoutez 2 cuillères à soupe de vinaigre ; ne versez pas plus d'une cuillère à café d'huile à la fois. Cette quantité de vinaigrette suffira pour 5 ou 6 livres de homard.

<h2 style="text-align:center">N° 207.</h2>

<h2 style="text-align:center">POISSON EN GELÉE.</h2>

Préparez de la gelée en faisant bouillir des poissons de toutes sortes ou des pattes de veau ; débarrassez-le de blanc d'oeuf, et versez un peu de lait dans un moule . Lorsque la gelée est prise, mettez le poisson préparé dessus et versez encore de la gelée jusqu'à ce que le moule soit rempli. Une fois figé, mettez-le quelques instants autour d'un linge chaud et démoulez-le sur un plat. Servir pour le dîner ou le déjeuner.

<h2 style="text-align:center">N° 208.</h2>

<h2 style="text-align:center">POISSON DIABLE.</h2>

N'importe quel type de poisson fera l'affaire. Faites-le tremper pendant une demi-heure dans du vinaigre, du ketchup ou n'importe quelle sauce de bouillon. Égouttez-les et faites-les bouillir et servez avec du raifort ou une sauce moutarde. Vous pouvez rouler votre poisson dans de la poudre de curry si vous le souhaitez.

N° 209.

POISSON EN PÂTE.

Frottez quelques tranches de poisson avec des épices ou des herbes râpées ; puis trempez-les dans la pâte et faites-les frire.

N° 210.

SANDWICHS AU POISSON.

Beurrer les deux côtés des tranches de pain. Sur la moitié d'entre eux gisaient de minces filets d'anchois, de sardine, de saumon fumé ou de tout autre poisson ; saupoudrer d'assaisonnement et déposer les autres tranches dessus. Disposez les sandwichs sur un plat et placez-les au four jusqu'à ce qu'ils soient dorés. Les œufs mous d'alose ou de hareng tartinés entre du pain et du beurre sont bons.

N° 211.

Galettes de poisson.

Utilisez une pâte légère. Mangez les grosses huîtres. Faites-les chauffer en les mettant dans de la crème ou un peu de beurre, mélangés à de la liqueur d'huître et un assaisonnement délicat. Épaissir avec le jaune d'oeuf, et mettre dans la croûte déjà cuite dans les moules à galettes. Prélevez la chair de la queue des écrevisses ou des homards ; couper en tranches. Pour les galettes de saumon, grattez la chair avec un couteau, assaisonnez avec du poivre de Cayenne ; mélangez avec un peu de beurre ou de crème et du jaune d'œuf, et secouez doucement sur le feu jusqu'à ce que ce soit cuit. Les anguilles doivent être cuites dans une sauce et la viande pilée dans un mortier avec un peu de persil, de beurre et d'assaisonnement ; réchauffez-le avec un verre de vin et déposez-le dans des croûtes à galettes.

N° 212.

POISSON FESTONNÉ.

Barbe les huîtres et les coquilles Saint-Jacques ; coupez-les en deux ou en quatre ; emballez-les dans des coquilles Saint-Jacques ou dans des petites boîtes de conserve. Déposez dessus des morceaux de beurre et faites cuire au four jusqu'à ce que le dessus soit doré. Servez-les dans les coquilles. De fines tranches de saumon, de brochet ou de turbot se servent de la même manière. Pressez le jus de citron dessus pour servir.

N° 213.

POISSON BOUILLI.

Placez le poisson dans de l'eau salée, froide si le poisson est gros et chaude s'il est de petite taille. Dans ce dernier cas, 2 ou 3 minutes dans l'eau bouillante suffiront ; et une tête de mouton de 4 ou 5 livres ne nécessitera pas plus de 10 minutes à partir du moment où l'eau bout. Utilisez une passoire pour placer le poisson dans la casserole. Le saumon et tous les poissons à chair foncée nécessitent plus d'ébullition que les poissons à chair blanche. Le vinaigre doit être frotté sur l'extérieur du poisson avant de le faire bouillir ; cela empêche la peau de se fissurer. Servir le poisson bouilli sur une serviette.

N° 214.

POISSON SALÉ.

Si vous voulez saler votre poisson, ne le lavez ni ne le mouillez, mais ouvrez les plus gros poissons, et enlevez les têtes et les intestins des autres, après les avoir grattés ; puis emballez-les dans un bac à cornichons avec du sel finement en poudre entre chaque couche. Le poisson doit être bien recouvert de sel.

N° 215.

POISSON AU CURRY

Un curry de homard, de crevettes, de gambas ou d'écrevisses se prépare facilement. Prenez suffisamment de viande de l'un ou l'autre et frottez-la avec de la poudre de curry. Préparez la sauce bouillante dans une casserole pour faire une sauce pour le poisson ; quand il bout, retirez-le du feu et ajoutez des morceaux de beurre et des jaunes d'œufs battus pour épaissir.

N° 216.

OMELETTE ORDINAIRE.

Battez et égouttez vos œufs, assaisonnez-les et ajoutez 1 cuillère à soupe d'eau, de lait ou de bouillon pour 6 œufs. Faites chauffer un peu de beurre ou d'huile dans une poêle et versez-y les œufs. Lorsque l'omelette est prise et de couleur marron pâle sur le dessous, retirez-la, pliez-la légèrement et servez chaude. Ne retournez pas les omelettes dans la poêle.

N° 217.

OMELETTE AUX SARDINES.

Désossez le poisson confit, coupé en dés, passez-le dans l'huile d'olive ; préparez les œufs comme d'habitude, assaisonnez-les et versez-les sur le poisson dans la poêle ; ou faites frire les œufs séparément et placez le poisson sur l' omelette lorsqu'elle est prête.

N° 218.

OMELETTE AU BACON.

Hachez du lard cuit froid et mélangez-le avec des œufs épicés et bien battus, ou prenez du lard cru, hachez-le, mettez-le dans une poêle jusqu'à ce qu'il soit doré, puis versez dessus les œufs battus, ou bien déposez du lard sur les œufs fraîchement versés. dans une poêle. Une fois cuite, pliez l' omelette et servez-la avec de la sauce tomate dans le plat.

N° 219.

POMMES ET RIZ.

Faire bouillir ½ livre de riz dans 1 litre de lait nouveau. En même temps, mettez quelques pommes confites au four pour qu'elles soient chaudes. Lorsque le riz est cuit, disposez-le autour d'un plat ; placez la conserve au centre; saupoudrez-y un peu de sucre et décorez le riz de tranches de zeste de citron confit. Avant de servir, déposez dessus quelques morceaux de beurre frais. Doit être consommé tiède.

N° 220.

CHARLOTTE DES POMMES.

Épluchez et coupez quelques pommes; prenez une miche de bon pain blanc ; débarrassez-le de la croûte et coupez-le en fines tranches bien beurrées. Montez-les dans un moule bien beurré, et déposez-y une couche de pommes saupoudrées de citron râpé ; épluchez-les et sucrez-les avec de la cassonade. Placez ensuite une tranche de pain et du beurre jusqu'à ce que le moule soit plein ; pressez le jus de deux citrons et faites cuire au four pendant 1 heure. Démoulez-le et servez-le comme un gâteau.

N° 221.

POMMES ROUGES EN GELÉE.

De belles pommes formées dans une cocotte avec de l'eau pour les recouvrir. Ajoutez une cuillerée de cochenille en poudre et laissez mijoter doucement. Une fois terminé, mettre dans un plat à dessert; ajoutez le sucre blanc et le jus de 2 citrons pour un sirop. Une fois bouilli en gelée, mettez-le dans les pommes. Décorer le plat avec le zeste de citron coupé en tranches.

N° 222.

CHOCOLAT AUX POMMES.

Faire bouillir dans 1 litre de lait nouveau 1 livre de chocolat français gratté et 6 onces de sucre blanc. Battez les jaunes de 6 œufs et les blancs de 2. Lorsque le chocolat est arrivé à ébullition, retirez du feu ; ajouter les œufs en remuant bien. Au fond d'une assiette creuse, déposer une bonne couche de pomme dépulpée, sucrée au goût ; assaisonner de cannelle. Versez dessus le chocolat et placez le plat sur une casserole d'eau bouillante. Lorsque la crème est bien prise, c'est prêt. Tamisez le sucre en poudre dessus et glacez avec une pelle chaude au rouge .

N° 223.

GELÉE DE POMME.

Peler et épépiner les pommes au goût fin; couper en gros morceaux et faire bouillir dans très peu d'eau. Une fois terminé, passer au tamis à cheveux ; pressez-les pour récupérer tout le jus. Pour chaque litre de gelée, prenez 1 livre de sucre blanc ; faites-le bouillir dans l'eau qui a servi pour le fruit et épluchez-le. Ajoutez le jus des pommes avec le jus de quatre oranges pressées dans chaque litre. Faire bouillir ½ heure et réserver prêt à l'emploi.

N° 224.

HUÎTRES À LA POULETTE.

Mettez sur le feu 25 huîtres ou un litre dans leur propre liqueur. Dès qu'il commence à bouillir, versez-le dans un plat chaud à travers une passoire. Laissez les huîtres dans la passoire. Mettez dans la casserole 2 onces de beurre, et quand il bouillonne, saupoudrez 1 once de farine tamisée ; laissez cuire une minute sans prendre de couleur ; remuez bien avec un fouet à œufs en fil métallique; puis ajoutez, en mélangeant bien, une tasse de liqueur d'huître ; retirez-le du feu ; Incorporez les jaunes de 2 œufs, un peu de sel et un très peu de poivron rouge, 1 cuillère à café de jus de citron, 1 râpe de muscade. Battez-le bien, puis remettez-le au feu pour faire prendre les œufs, sans laisser bouillir ; puis mettez les huîtres dedans.

N° 225.

HUÎTRES TRUFFÉES.

Quatre douzaines de grosses huîtres, 1 boîte de truffes, 6 onces de poulet, 3 onces de porc gras salé, 5 œufs, farine, pain grillé, poivron rouge. Hachez puis réduisez en pâte le poulet et le porc salé, ajoutez du poivron rouge, une pincée de sel et les truffes coupées finement et mélangées ; étalez les huîtres sur la serviette, insérez un canif sur le bord et fendez chaque huître de haut en bas à l'intérieur sans trop ouvrir l'ouverture, puis enfoncez la farce. Au fur et à mesure que les huîtres sont farcies, déposez-les dans la farine, puis plongez-les dans l'œuf battu, déposez-en quelques-unes à la fois dans le saindoux chaud et faites frire trois ou quatre minutes. Le saindoux doit être suffisamment profond pour les immerger. Lorsqu'ils sont bien dorés, retirez-les, égouttez-les sur du papier et mettez-les sur du pain grillé.

N° 226.

CANARD SUR TOILE DE CUISSON À LA PHILADELPHIE.

Dessinez le canard et cousez l'incision fermement et étroitement, en laissant une ouverture ; grâce à cela, remplissez l'intérieur de gelée de groseilles rouges et de bon porto. Coudre et fermer l'ouverture et rôtir le canard 20 minutes à four chaud ; par ce procédé, la gelée, le vin et les sucs naturels du canard se combinent et imprègnent la chair, donnant un résultat des plus délicieux.

N° 227.

HUÎTRES FARCIES GRILLÉES.

Râper les jaunes d'œufs durs, 4 ou 5 pour chaque douzaine d'huîtres les plus grosses ; hachez deux fois moins de porc salé et mélangez-le avec du poivre noir, du persil haché, ajoutez un œuf cru, le jaune pour faire une pâte ; fendre l'intérieur en déplaçant un canif de haut en bas sans faire une très grande ouverture au bord ; ajoutez la farce, trempez-la dans la chapelure fine, puis dans le beurre fondu sur une assiette, puis à nouveau dans la chapelure et faites-les griller sur feu clair.

N° 228.

SOUPE DE GIBIER.

Retirez toute la viande des poitrines des oiseaux froids restés de la veille. Pilez-le dans un mortier, en battant les cuisses et les os, et faites-les bouillir dans du bouillon pendant une heure. Faire bouillir 6 navets, les écraser et les passer au torchon avec la viande pilée. Filtrez le bouillon et mettez-en petit à petit dans le tamis pour vous aider à tout filtrer. Placez la marmite à soupe près du feu, mais ne la laissez pas bouillir. Lorsque vous êtes prêt à préparer votre dîner, mélangez 6 jaunes d'œufs avec ½ litre de crème ; passer au tamis;

mettez la soupe sur le feu, et quand elle bout, ajoutez les œufs et remuez bien avec une cuillère en bois. Ne le laissez pas bouillir, de peur qu'il ne caille.

N° 229.

ARTICHAUTS.

Faites-les tremper dans l'eau froide, lavez-les bien, mettez-les dans beaucoup d'eau bouillante, avec une poignée de sel, et laissez-les bouillir doucement jusqu'à ce qu'ils soient tendres, ce qui prendra 1h30 à 2 heures. Pour savoir quand ils ont terminé, dessinez une feuille. Coupez-les et égouttez-les sur une passoire. Envoyez avec eux du beurre fondu, que quelques-uns mettent dans des petites coupes pour que chaque convive en ait un.

N° 230.

Ragoût d'huîtres.

De grosses huîtres feront l'affaire pour un ragoût. Faites-en cuire quelques douzaines dans leur propre liqueur. A ébullition, écumer bien, les ramasser, les barber, passer la liqueur au tamis et disposer les huîtres sur un plat. Mettez une once de beurre dans une casserole; une fois fondu, mettez-y autant de farine qu'il peut sécher, la liqueur des huîtres, 3 cuillères à soupe de lait ou de crème, un peu de poivre blanc, du sel, un peu de ketchup, du persil haché, du zeste et du jus de citron râpé. Laissez bouillir quelques minutes jusqu'à ce qu'il soit lisse, puis retirez du feu, mettez les huîtres et laissez-les chauffer. Tapissez les côtés et le fond d'un haschich de gouttes de pain et versez-y vos huîtres et votre sauce.

N° 231.

LAPIN FRICASSÉ.

Prenez un lapin fin et gras, nettoyez-le bien, salez-le, poivrez-le, mettez-le dans du saindoux chaud pour le faire frire jusqu'à ce qu'il soit bien doré ; quand c'est fait, sortez, versez une partie de la graisse, et coupez trois oignons, épaississez avec trois cuillerées de farine, remuez bien, versez de l'eau jusqu'à recouvrir le lapin qu'on remet maintenant dans la poêle ; couvrez et laissez bouillir pendant ¾ d'heure. Juste avant de servir, coupez un peu de persil et mettez-le dedans ; servez-le avec des pommes de terre rôties ou frites.

N° 232.

TIMBALES FROIDES DE VEAU ET JAMBON.

Pâte de timbale, 1 livre de corned bacon, 2 livres de cuisse de veau, 6 œufs durs , 1 cuillère à café de sel de céleri et de marjolaine, 3 brins de persil, poivre blanc et sel au goût ; tapisser le moule à timbale avec la pâte, en le plaçant d'abord sur un plat graissé; coupez le jambon et le veau en coquilles Saint-Jacques et les œufs en tranches ; avec eux, faites des couches alternées avec les assaisonnements ; quand tous sont utilisés, remplir d'eau, mouiller les bords exposés du couvercle en pâte, décorer les bords et cuire à four modéré 2 heures ; une fois froid, ouvrir le moule et servir selon vos envies.

N° 233.

BIGTRÉ DE BOEUF ET HUÎTRES.

Prenez un steak de surlonge tendre, mettez-le dans une poêle chaude, laissez-le frire 15 minutes ; une fois terminé, retirez les cœurs de 1 litre d'huîtres, et mettez les huîtres dans la poêle d'où est sorti le steak, saupoudrez-les d'un peu de farine, d'un petit morceau de beurre, d'un peu de liqueur d'huître, de quoi faire un bon sauce; assaisonner au goût et un peu de muscade. Mettez le steak sur une assiette, versez dessus cette sauce aux huîtres et servez chaud.

N° 234.

POULET FRICASSÉ.

UNE PAIRE.

Coupez un poulet en quartiers, faites une riche sauce avec 1 litre de lait, 1 litre d'eau ou de liqueur d'huître, 3 cuillères à soupe de farine, un peu de beurre mélangé à la farine ; après que le poulet ait presque bouilli dans le lait et l'eau, mettez-y la farine mélangée au beurre ; mettez quelques brins de persil; laisser le tout bouillir jusqu'à ce qu'il soit cuit. Faites bouillir du riz dans une casserole pour ne pas casser les grains ; mettez le poulet une fois cuit sur l'assiette, mettez le riz sur tout le plat, versez la sauce au centre sur tout le poulet et servez chaud.

N° 235.

CUISSE DE PORC RÔTI, APPELÉE MOCK GOOSE.

Faites-le bouillir; enlevez la peau; puis mettez-le à rôtir; arrosez-le de beurre et préparez une poudre de sauge en poudre finement hachée ou séchée, du poivre noir, du sel et de la chapelure frottée ensemble dans une passoire. Ajoutez à cela un peu d'oignon finement émincé ; saupoudrez-le de ceci lorsqu'il est presque rôti. Mettez ½ pinte de sauce dans le plat et de la farce d'oie sous la peau des jarrets, ou garnissez le plat de boules frites ou bouillies.

N° 236.

REINS.

Coupez-les dans le sens de la longueur, incisez-les, saupoudrez-les de poivre et de sel et passez-y une pique à brochette pour les empêcher de s'enrouler sur le gril, afin qu'ils puissent griller uniformément. Faites-les griller sur un feu clair, en les retournant souvent jusqu'à ce qu'ils soient cuits. Cela prendra environ 10 ou 12 minutes si vous avez un feu vif, ou si vous les faites frire dans du beurre, et si vous faites une sauce dans la poêle après avoir retiré les rognons en y mettant une cuillère à café de farine ; dès qu'il paraît brun, mettez autant d'eau que nécessaire pour faire la sauce. Il faudra 5 minutes de plus pour les frire que pour les griller. On peut mettre sur chaque rognon quelques feuilles de persil hachées finement et mélangées avec un peu de beurre, de poivre et de sel.

N° 237.

STEAKS.

Coupez les steaks un peu plus finement que pour les griller. Mettez un peu de beurre dans une poêle, et quand il est chaud, déposez-y les steaks et continuez à les retourner jusqu'à ce qu'ils soient suffisamment cuits. De cette façon, la viande sera plus également habillée et plus uniformément dorée, et se révélera beaucoup plus savoureuse.

N° 238.

POISSON TURBOT.

Faites bouillir 5 livres de poisson ferme pas encore tout à fait cuit ; sortez-le et retirez-en tous les os ; puis préparez-lui une sauce à la crème. Après avoir retiré les cœurs d'un litre d'huîtres, mettez-les dans la sauce à la crème ; aussi ½ pinte de lait, 2 cuillères à soupe de farine, 1 cuillère à soupe de beurre, 2 jaunes d'œufs. Laissez le tout bouillir ensemble ; puis mettez-y le poisson ; assaisonner avec du poivre et du sel au goût; mettre dans un plat à pudding. Hachez très finement une branche de céleri et mettez-y ; tamisez dessus de la chapelure, avec des petits morceaux de beurre. Mettre au four et laisser cuire ¾ d'heure. Garnir le plat d'huîtres frites ou de pommes de terre sautées.

N° 239.

LANGUE.

La langue nécessite plus de cuisson qu'un jambon. Celui qui a été salé et séché doit être mis à tremper 24 heures avant le moment voulu, dans beaucoup d'eau ; un vert provenant du cornichon n'a besoin d'être trempé que quelques heures. Plongez la langue dans beaucoup d'eau froide et laissez-la chauffer 1 heure progressivement et laissez-la mijoter 3h30 à 4 heures très lentement selon sa taille.

N° 240.

JAMBON.

Donnez-lui beaucoup d'eau et mettez-le dedans pendant que l'eau est froide ; laissez-le chauffer progressivement et laissez-le sur le feu 1h30 avant l'ébullition ; laissez-le bien écumer et laissez mijoter très doucement. Un jambon de taille moyenne prendra de 4 à 5 heures selon son épaisseur.

N° 241.

PERCHE FRIT.

Essuyez bien le poisson, essuyez-le sur un chiffon sec, farinez-le légèrement partout et faites-le frire 10 minutes dans du saindoux chaud ou du jus de cuisson ; posez-les sur un tamis à cheveux. Envoyez-les sur un plat chaud garni de brins de persil.

N° 242.

PUDDING AU PAIN ET AU BEURRE.

Préparez un plat d'un litre; laver et cueillir 2 onces de groseilles; répandez-en quelques-uns au fond du plat; coupez environ 4 couches de pain et de beurre très fins et parsemez quelques groseilles entre chaque couche. Cassez ensuite 4 œufs dans une bassine en laissant de côté 1 blanc ; battez-les bien et ajoutez 4 onces de sucre et une muscade; mélangez bien avec une pinte de lait nouveau; versez-le dessus environ 10 minutes avant de le mettre au four. Cuire au four ¾ d'heure.

N° 243.

CRÊPES ET BEIGNETS.

Cassez 3 œufs dans une bassine, battez-les avec un peu de muscade et du sel ; mettez-leur 4½ onces de farine et un peu de lait ; battre pour obtenir une pâte lisse. Ajoutez, petit à petit, suffisamment de lait pour obtenir une crème épaisse. La poêle à frire doit avoir à peu près la taille d'une assiette à pudding et être très propre, sinon elle collera ; faites-la chauffer et ajoutez à chaque crêpe un morceau de beurre gros comme une noix; quand elle est fondue, versez la pâte pour couvrir le fond du moule; faites-leur l'épaisseur d'un demi-dollar ; faire revenir un brun clair des deux côtés.

Les beignets aux pommes peuvent être préparés de la même manière en ajoutant 1 cuillerée de farine supplémentaire. Épluchez vos pommes et coupez-les en tranches épaisses, retirez le trognon, trempez-les dans la pâte, faites-les revenir dans du saindoux chaud. Mettez un tamis pour égoutter; râper du sucre en pain dessus.

N° 244.

PUDDING AUX POMMES DE BOSTON.

Épluchez 1½ douzaine de bonnes pommes, enlevez les trognons, coupez-les en petits morceaux, mettez-les dans une cocotte qui va juste les contenir avec un peu d'eau, de la cannelle, 2 clous de girofle et le zeste d'un citron ; faites cuire à feu doux jusqu'à ce qu'ils soient tendres, puis sucrez avec du sucre humide et passez-le au tamis fin. Ajoutez-y les jaunes de 4 œufs et 1 blanc, ¼ de livre de beurre, une demi-muscade, un zeste de citron râpé et le jus d'1 citron ; battre tous ensemble ; tapisser l'intérieur du plat à tarte avec une bonne pâte; mettre le pudding et cuire au four une demi-heure.

N° 245.

PUDDING AUX FRUITS DE PRINTEMPS.

Épluchez et lavez 4 douzaines de bâtonnets de rhubarbe ; mettre dans une casserole avec le pudding, un citron, un peu de cannelle et suffisamment de sucre humide pour le rendre sucré ; mettez-le sur le feu et réduisez-le en marmelade; passer au tamis à cheveux et continuer comme indiqué sur le reçu ci-dessus, en laissant de côté le jus de citron, car la rhubarbe est assez acide.

N° 246.

PUDDING DE NOTTINGHAM.

Épluchez 6 pommes, épépinez-les mais laissez les pommes entières ; remplissez là où vous avez retiré le noyau, avec du sucre. Disposez-les dans un plat à tarte et versez dessus une belle pâte légère, préparée comme pour un pudding à la pâte ; cuire une heure à four modéré.

N° 247.

PUDDING AUX PRUNEAUX MAIGRE.

Faites mijoter ½ litre de lait avec 2 lames de macis et un rouleau de zeste de citron pendant 10 minutes, puis filtrez-le dans une bassine, laissez-le refroidir, puis battez 3 œufs dans une bassine avec 3 onces de sucre en pain et le tiers de muscade, puis ajoutez 3 onces de farine, battez bien le tout et ajoutez le lait petit à petit. Mettez 3 onces de beurre frais cassé en petits morceaux et 3 onces de chapelure, 3 onces de groseilles lavées et cueillies proprement, 3 onces de raisins secs dénoyautés et hachés ; mélangez bien, beurrez un moule , mettez-le dedans et attachez-y un linge serré ; faites bouillir 2h30, servez-le avec du beurre fondu, 2 cuillères à soupe de cognac et un peu de sucre en pain.

N° 248.

PUDDING AU PAIN NATURE.

Mettez 5 onces de chapelure dans une bassine, versez dessus ¾ de litre de lait bouillant, posez une assiette dessus pour garder la vapeur, laissez reposer 20 minutes ; puis battez bien doucement avec 2 onces de sucre et une cuillère à soupe de muscade ; cassez 4 œufs dans une assiette en laissant 1 blanc, battez-les bien et ajoutez-les au pudding ; mélangez bien et mettez-le dans un moule bien beurré et fariné ; attachez un linge dessus et faites bouillir une heure.

N° 249.

GAUFRES FLAMANDES.

1 litre et demi de farine, ½ cuillère à café de sel, 2 cuillères à soupe de sucre, 3 cuillères à soupe de beurre, 1 ½ cuillère à café de levure chimique, 4 œufs, ½ litre de crème fine, 1 cuillère à café d'extrait de cannelle et de vanille ; frottez le beurre et le sucre pour obtenir une crème, ajoutez les œufs un à un en battant 3 ou 4 minutes entre chaque ajout ; tamisez ensemble la farine, le sel et la poudre , ajoutez-les au beurre, etc., avec la vanille, la cannelle et la crème fine. Mélangez à la pâte comme pour les galettes, faites chauffer le gaufrier et bien graissé , versez-y la pâte jusqu'à ce qu'il soit rempli aux deux tiers, fermez-le et retournez-le aussitôt ; veillez à ne pas trop chauffer le fer, car les gaufres ne mettront que 4 à 5 minutes à cuire. Une fois terminé, tamisez le sucre dessus et servez immédiatement sur une serviette.

N° 250.

GAUFRES MOLLES.

Un litre de farine, ½ cuillère à café de sel, 1 cuillère à café de sucre, 2 cuillères à café de levure chimique, 1 grande cuillère à soupe de beurre, 2 œufs, 1½ litre de lait. Tamisez ensemble la farine, la poudre et le sel, incorporez le beurre froid, ajoutez les œufs battus, mélangez à la pâte, faites chauffer le gaufrier et bien graissé à chaque fois ; remplissez-le aux deux tiers et fermez-le; lorsqu'ils sont dorés, retournez-les, tamisez le sucre dessus et servez chaud.

N° 251.

TARTE AUX CANNEBERGES.

Cueillez et lavez quelques canneberges dans plusieurs eaux, mettez-les dans un plat avec le jus d'un demi citron, un quart de livre de sucre en pain concassé pour 1 litre de canneberges ; recouvrez-le de pâte feuilletée et enfournez-le trois quarts d'heure. Si de la pâte à tarte est utilisée, sortez-la du four cinq minutes avant la fin de la cuisson et glacez-la ; remettez-le au four et envoyez-le froid à table.

<h1 style="text-align:center">N° 252.</h1>

TARTE AUX POMMES.

Parez, épépinez et coupez quelques pommes en quatre ; faire une tarte aux pommes; puis quand la tarte est cuite, découpez tout le centre en laissant les bords ; une fois froide, versez sur la pomme un peu de crème anglaise bouillie et placez autour d'elle quelques petites feuilles de pâte feuilletée de couleur claire.

<h1 style="text-align:center">N° 253.</h1>

MUFFINS GRAHAM.

Un litre de farine Graham, 1 cuillère à soupe de cassonade, 1 cuillère à café de sel, 3 cuillères à café de levure chimique, 1 œuf et 1 litre de lait ; tamiser ensemble la farine, le sucre, le sel et la poudre ; ajouter l'œuf battu et le lait, mélanger dans une pâte, remplir aux deux tiers des moules à muffins froids et bien graissés ; cuire 15 minutes à four chaud.

<h1 style="text-align:center">N° 254.</h1>

PUDDING DU YORKSHIRE.

[Sous rôti de bœuf.]

Ce pudding doit accompagner un surlonge de bœuf, une longe de veau ou tout autre rôti gras et juteux. Six cuillères à soupe de farine, 3 œufs, 1 cuillère à soupe de sel, 1 litre de lait pour faire une pâte assez ferme, un peu plus ferme que pour les crêpes ; battez-le bien, il ne doit pas être grumeleux ; placez un plat sous la viande et laissez-y tomber le jus de cuisson jusqu'à ce qu'il soit bien chaud et bien graissé , puis versez la pâte ; lorsque la surface supérieure est brune et prise, retournez-la pour que les deux côtés brunissent de la même manière. Si vous souhaitez qu'il soit ferme et que le pudding ait un pouce d'épaisseur, cela prendra deux heures à un bon feu.

<h1 style="text-align:center">N° 255.</h1>

PAIN DE MAÏS.

Une livre de semoule de maïs bien tamisée, mélangée à de l'eau bouillante ou du lait jusqu'à obtenir la consistance d'une pâte modérée ; puis battez 4 œufs en mettant les jaunes dans la pâte, et les blancs doivent être montés en mousse et mis juste avant la cuisson ; sel au goût; mettre dans un plat allant au four et cuire rapidement à four chaud ; une cuillère à soupe de beurre ou de saindoux est également mélangée au repas.

<h1 style="text-align:center">N° 256.</h1>

MUFFINS FRANÇAIS.

Une pinte et demie de farine, 1 tasse de miel, ½ cuillère à café de sel, 2 cuillères à café de levure chimique, 2 cuillères à soupe de beurre, 3 œufs et un peu plus de ½ pinte de lait ou de crème fine. Tamisez ensemble la farine, le sel et la poudre; incorporer le beurre froid; ajoutez les œufs battus, le lait ou la crème fine et le miel. Mélanger délicatement dans une pâte comme pour un quatre-quarts ; Remplissez à moitié environ des moules à génoises, froids et soigneusement graissés, et faites cuire à four bon et stable pendant 7 à 8 minutes.

<h1 style="text-align:center">N° 257.</h1>

PAIN BRUN BOSTON.

Une demi-pinte de farine, 1 pinte de semoule de maïs, ½ pinte de farine de seigle, 2 pommes de terre, 1 cuillère à café de sel, 1 cuillère à soupe de cassonade, 2 cuillères à café de levure chimique, ½ pinte d'eau. Tamisez ensemble la farine, la semoule de maïs, la farine de seigle, le sucre, le sel et la poudre. Épluchez, lavez et faites bien bouillir deux pommes de terre farineuses ; passez-les au tamis en les diluant avec de l'eau. Une fois froid, utilisez-le pour mélanger la farine, etc., dans une pâte comme un gâteau. Versez-le dans un moule beurré , avec un couvercle ; placez-le dans une casserole à moitié pleine d'eau bouillante, lorsque le pain mijotera 1 heure sans laisser l'eau y pénétrer. Retirez, puis retirez le couvercle, et terminez la cuisson en enfournant à four assez chaud 30 minutes.

<h1 style="text-align:center">N° 258.</h1>

POT-TARTE AUX POMMES.

Quatorze pommes pelées, évidées et tranchées ; 1½ litre de farine, 1 cuillère à café de levure chimique, 1 tasse de sucre, ½ tasse de beurre, 1 tasse de lait, une grosse pincée de sel. Tamisez la farine avec la poudre et le sel ; incorporer le beurre froid; ajoutez le lait et mélangez en une pâte comme pour les biscuits au thé ; tapissez-en une casserole peu profonde jusqu'à moins de deux pouces du fond. Versez 1½ tasse d'eau, les pommes et le sucre ; mouiller les bords, et recouvrir avec le reste de la pâte ; puis placez-le à four modéré jusqu'à ce que les pommes soient cuites ; puis retirez-le du four ; couper la croûte supérieure en quatre parties égales ; dressez les pommes; disposer dessus les morceaux de croûte latérale taillés en losanges, et les morceaux de croûte supérieure sur une assiette. Servir avec de la crème.

N° 259.

Craquelins à l'avoine.

Une pinte et demie de flocons d'avoine fins, ½ pinte de farine Graham, 1 cuillère à café de sel, 1 cuillère à café de levure chimique, 1 pinte de lait. Mélanger les flocons d'avoine et le lait; laisser reposer, gonfler, 5 heures dans un endroit froid. Tamisez ensemble la farine Graham, le sel et la poudre. Ajoutez-le aux flocons d'avoine; mélanger pour obtenir une pâte lisse. Fariner la planche avec de la semoule de maïs; démouler la pâte et la rouler sur ¼ de pouce d'épaisseur; découpez-le avec un cutter ; déposez-les sur des moules à pâtisserie graissés; laver avec du lait et cuire 10 minutes à four modéré.

N° 260.

GAUFRES ALLEMANDES.

Un litre de farine, ½ cuillère à café de sel, 3 cuillères à soupe de sucre, 2 cuillères à soupe de levure chimique, 2 cuillères à soupe de saindoux, le zeste d'un citron râpé, 1 cuillère à café d'extrait de cannelle, 4 œufs, 1 litre de crème fine. Tamiser ensemble la farine, le sucre, le sel et la poudre; incorporer le saindoux froid; ajoutez les œufs battus, le zeste de citron, l'extrait et le lait. Mélanger à une pâte lisse, plutôt épaisse. Cuire au gaufrier chaud. Servir avec du sucre parfumé au citron.

<h1 style="text-align:center">N° 261.</h1>

<h2 style="text-align:center">BISCUITS AU THÉ.</h2>

Un litre de farine, 1 cuillère à café de sel, ½ cuillère à café de sucre, 2 cuillères à café de levure chimique, 1 cuillère à café de saindoux, 1 litre de lait. Tamiser ensemble la farine, le sel, la poudre, le sucre ; incorporer le saindoux froid; ajouter le lait et former une pâte lisse et homogène. Fariner la planche; démouler la pâte; étalez-le sur une épaisseur de ¾ de pouce; couper avec un petit emporte-pièce rond ; disposez-les rapprochés sur un moule à pâtisserie graissé; laver avec du lait. Cuire à four chaud 20 minutes.

<h1 style="text-align:center">N° 262.</h1>

<h2 style="text-align:center">MUFFINS AU RIZ.</h2>

Deux tasses de riz bouilli froid, 1 litre de farine, 1 cuillère à café de sel, 1 cuillère à soupe de sucre, 1½ cuillère à café de levure chimique, ½ litre de lait, 3 œufs ; éclaircir le riz avec le lait et les œufs battus ; tamiser ensemble la farine, le sucre, le sel et la poudre ; ajoutez le riz; mélanger pour obtenir une pâte lisse; remplir les moules à muffins aux deux tiers en les ayant soigneusement graissés ; cuire 15 minutes à four chaud.

<h1 style="text-align:center">N° 263.</h1>

<h3 style="text-align:center">Craquelins au fromage.</h3>

Une pinte et demie de farine, ½ pinte de semoule de maïs, 1 cuillère à café de sel, 1 cuillère à café de levure chimique, 1 cuillère à soupe de beurre, un peu plus de ½ pinte de lait ; tamiser ensemble la farine, la semoule de maïs, le sel et la poudre ; incorporer le beurre froid; ajoutez le lait; mélanger pour obtenir une pâte lisse et plutôt ferme; fariner la planche; démouler la pâte; donnez-lui un rouleau ou deux rapidement et roulez-le sur une épaisseur d'un quart de pouce ; découper avec un grand emporte-pièce rond ; glacer le dessus comme vous le feriez pour des tartes, saupoudrer de fromage et de poivre de Cayenne et cuire dix minutes à four chaud ; les pailles de fromage peuvent être fabriquées presque de la même manière à partir de pâte feuilletée coupée finement sur environ ¼ de mètre de long.

<h1 style="text-align:center">N° 264.</h1>

<h2 style="text-align:center">GELÉE DE FRUITS.</h2>

Deux pintes d'eau ; ½ pinte de lait et 1 branchie de vin, 1 branchie de jus de citron, le zeste de 3 citrons, 1 livre de sucre, les blancs de 3 œufs battus, non fermes, et incorporer ce qui précède ; faire fondre et mettre dedans 1 papier de gélatine ; mettez le feu et remuez jusqu'à ce que ça commence à bouillir ; puis arrêtez-vous pendant 10 minutes ; décoller; passer dans un sac en flanelle, placer dans une casserole jusqu'à ce qu'il soit suffisamment froid pour pouvoir y tremper avec une cuillère; éplucher et couper en quartiers 1 orange ; déposer une fine couche de gelée au fond du moule ; dessus, mettez 6 morceaux d'orange; recouvrir maintenant de gelée; deuxième couche, déposez 7 ou 8 cerises confites sur le dessus de la couche dans le moule , une autre couche de gelée ; puis 5 ou 6 raisins de Malaga entre eux ; 5 ou 6 amandes émondées, une couche de gelée ; sur ce, cerises confites et amandes entre elles ; puis remplissez le moule de gelée; mettre de la glace.

N° 265.

FRANÇAIS AUX PÊCHES SURGELÉES.

Un litre de lait ; 5 jaunes d'œufs, 3 blancs ; faire bouillir le lait; faites-en une crème anglaise; sucrer au goût; couper en fines tranches les pêches molles ; mettre les pêches dans la crème anglaise froide ; congelez-le pour l'utiliser ; celui-ci peut être moulé sous forme de brique.

N° 266.

BOULE DE NEIGE.

Six pommes pelées et évidées, ½ livre de riz bien lavé ; mettez les pommes dans un torchon; verser du riz dessus; laisser de la place pour gonfler; faire bouillir dans une casserole 1h30; préparez-lui une sauce au vin; c'est un plat de dîner.

N° 267.

BLANC-MANGE.

Prenez 1 paquet de gélatine , divisez-le en deux ; prenez 3 demi-pintes de lait, 3 jaunes d'œufs ; mettez le lait à ébullition et faites-en une crème anglaise ; assaisonner au goût avec du citron; faire fondre la moitié de la gélatine et la faire fondre dans ½ tasse de lait froid ; puis incorporez-le à la crème anglaise une fois terminé ; prenez encore 3 demi-pintes de lait; laissez bouillir; assaisonner de vanille; sucrer au goût; faire fondre la moitié restante de la gélatine dans un peu de lait et l'incorporer à cette dernière crème pendant qu'elle est chaude ; laisser refroidir suffisamment pour qu'il moisisse ; puis prendre la première crème anglaise réalisée et mettre dans le moule , puis par dessus dans le même moule la dernière crème anglaise réalisée ; placer sur la glace pour refroidir; manger avec de la chantilly, assaisonnée de citron ou de vanille.

N° 268.

CAFÉ BLANC-MANGE.

Prenez et divisez 1 paquet de gélatine en deux ; prenez 1 litre de lait, ½ litre de café et laissez bouillir ; faire fondre la moitié de la gélatine dans un peu de lait ; incorporez-le au lait bouilli; maintenant, prenez 3 demi-pintes de lait, incorporez 2 cuillères à soupe de chocolat et faites-le bouillir ; prenez la moitié restante de la gélatine , faites-la fondre dans un peu de lait ; incorporez-le au chocolat; laisser refroidir avant de mettre dans le moule ; puis mettre dans le moule la portion réalisée en premier, puis la deuxième portion par dessus ; laisser refroidir; manger avec de la chantilly.

N° 269.

CAFÉ FRANÇAIS.

Trois pintes d'eau pour 1 tasse de café moulu. Mettez le marc de café dans un bol, versez dessus environ ½ litre d'eau froide et laissez reposer 15 minutes ; porter à ébullition les 2½ pintes d'eau restantes. Prenez le café dans un bol, passez-le au tamis fin, puis prenez une cafetière française, mettez le marc de café dans une passoire au sommet de la cafetière française, en laissant l'eau dans le bol. Prenez ensuite l'eau bouillante et versez-y le café très lentement ; puis placez la cafetière sur la cuisinière pendant cinq minutes ; ne doit pas bouillir. Retirez et versez l'eau froide du bol dans lequel le café a été trempé pour la première fois. Servir dans une autre casserole. Les Français ont la réputation de faire le meilleur café. Utilisez 3 parts de Java et 1 part de Moka.

N° 270.

GLACE AUX BISCUITS.

Un litre et demi de crème, 12 onces de sucre, 8 jaunes d'œufs, 1 cuillère à soupe d'extrait de vanille ; prenez 6 onces de macarons croustillants, pilez-les dans un mortier pour les saupoudrer ; incorporer à la poussière de macaron une autre cuillerée à soupe d'extrait de vanille. Mélangez la crème, le sucre, les œufs et l'extrait. Mettez sur le feu et remuez jusqu'à ce que le mélange commence à épaissir. Filtrer et passer au tamis à cheveux dans une bassine; mettre au congélateur, et lorsqu'il est presque congelé, incorporer la poussière de macaron et terminer la congélation.

N° 271.

NOYEAU CORDIAL.

À 1 gallon de spiritueux, ajoutez 3 livres de sucre en pain et une cuillère à soupe d'extrait d'amandes. Bien mélanger et laisser reposer 48 heures, bien couvert ; filtrez maintenant à travers une flanelle épaisse et une bouteille. Cette liqueur est bien améliorée en ajoutant ½ pinte de jus d'abricot ou de pêche.

<h2 style="text-align:center">N° 272.</h2>

<h3 style="text-align:center">Glace aux fruits de groseille rouge.</h3>

Mettez 2 pintes de groseilles mûres, 1 pinte de framboises rouges, ½ pinte d'eau dans une bassine. Mettez sur le feu et laissez mijoter quelques minutes, puis passez au tamis à cheveux. À cela, ajoutez 12 onces de sucre et ½ pinte d'eau. Mettez le tout dans une boîte de congélation et congelez.

<h2 style="text-align:center">N° 273.</h2>

<h3 style="text-align:center">GLACE TOUTES FRUITS.</h3>

Prenez 2 litres de crème la plus riche et ajoutez-y 1 livre de sucre pulvérisé et 4 œufs entiers. Mélanger le tout; mettre sur le feu en remuant constamment et porter juste à ébullition ; retirer immédiatement et continuer à remuer jusqu'à ce qu'il soit presque froid ; aromatisez-le avec 1 cuillère à soupe d'extrait de vanille; placer au congélateur et congeler, puis y mélanger soigneusement 1 livre de fruits confits à parts égales de pêches, abricots, jauges, cerises, ananas, etc. Tous ces fruits doivent être coupés en petits morceaux et bien mélangés avec le crème, congelée. Si vous souhaitez mouler cette glace, saupoudrez-la d'un peu de carmin dissous dans une cuillère à café d'eau avec 2 gouttes d'alcool d'ammoniaque. Mélangez cette couleur pour qu'elle soit striée ou veinée comme du marbre.

<h2 style="text-align:center">N° 274.</h2>

<h3 style="text-align:center">GLACE À LA FRAISE CONCASSÉE.</h3>

Trois pintes de meilleure crème, 12 onces de sucre blanc pulvérisé, 2 œufs entiers, 2 cuillères à soupe d'extrait de vanille. Mélanger le tout dans une bassine tapissée de porcelaine; mettre sur le feu; remuer constamment jusqu'au point d'ébullition. Retirer et passer au tamis à cheveux. Placer au congélateur et congeler. Prenez 1 litre de fraises mûres, sélectionnez-les, décortiquez-les et mettez-les dans un bol ; ajoutez 6 onces de sucre pulvérisé blanc et écrasez le tout en pulpe; ajoutez cette pulpe à la crème glacée et mélangez bien. Donnez maintenant au congélateur quelques tours supplémentaires pour durcir.

N° 275.

GLACE À LA PÊCHE.

Une douzaine de pêches à joues rouges les meilleures et les plus mûres ; peler et dénoyauter; placer dans une bassine en porcelaine et écraser avec 6 onces de sucre pulvérisé. Prenez 1 litre de meilleure crème, 8 onces de sucre pulvérisé, du blanc, 2 œufs entiers, 8 gouttes d'extrait d'amande. Mettez le tout sur le feu jusqu'à ce qu'il atteigne le point d'ébullition. Retirer et filtrer. Placer au congélateur et congeler. Lorsqu'elle est presque congelée, incorporez la pulpe de pêche. Donnez encore quelques tours au congélateur pour qu'il durcisse.

N° 276.

GLACE À LA VANILLE FRANÇAISE.

Un litre de crème riche et sucrée, ½ livre de sucre cristallisé, jaunes de 6 œufs. Mettez la crème et le sucre dans une bouilloire en porcelaine sur le feu et laissez-les bouillir ; passer aussitôt au tamis à cheveux, et après avoir bien battu les œufs, les ajouter lentement à la crème et au sucre chauds, tout en remuant rapidement. Remettez-les sur le feu et remuez quelques minutes, puis versez-le au congélateur et aromatisez avec 1 cuillère à soupe de vanille, et congelez.

N° 277.

GLACE AU CITRON.

Un litre de meilleure crème, 8 onces de sucre pulvérisé, 3 œufs entiers et une cuillère à soupe d'extrait de citron ; placez-le sur le feu, puis retirez-le immédiatement et égouttez-le. Une fois froid, placer au congélateur et congeler.

No 278.

GLAÇAGE TRANSPARENT AU CHOCOLAT.

Faites fondre 3 onces de chocolat fin avec une petite quantité d'eau dans une casserole sur le feu en remuant constamment jusqu'à ce qu'il devienne tendre. Diluez-le avec ½ branchie de sirop et travaillez jusqu'à obtenir une consistance parfaitement lisse, puis ajoutez-le au sucre bouilli comme ci-dessus.